像张爱玲一样强大 像林徽因一样优雅

张楚翎 著

中国纺织出版社

内 容 提 要

很多人误以为，女人是弱者，其实很多时候女性所爆发出来的生命能量，是会让人感到震惊和差异的。所以作为女性，一定要认清楚自己，也要正确地界定自己的人生，这样才能让生命的力量喷薄而出，成就更好的自己。

本书从女性心理的角度出发，以张爱玲、林徽因的生平代表事迹作为依托，从而分析女性朋友在成长的过程中，应该怎样面对自己的心灵、情感，如何成就自己的美好，也针对女性职场、婚姻、学习、成长等具体的生活领域，为女性朋友给出切实有效的指导。

图书在版编目（CIP）数据

像张爱玲一样强大　像林徽因一样优雅 / 张楚翎著. -- 北京：中国纺织出版社，2019.11

ISBN 978-7-5180-6138-9

Ⅰ. ①像…　Ⅱ. ①张…　Ⅲ. ①女性—成功心理—通俗读物　Ⅳ. ①B848.4-49

中国版本图书馆CIP数据核字（2019）第071620号

责任编辑：赵晓红　　责任校对：江思飞　　责任印制：储志伟

中国纺织出版社出版发行

地址：北京市朝阳区百子湾东里 A407 号楼　邮政编码：100124

销售电话：010—67004422　传真：010—87155801

http：//www.c-textilep.com

E-mail：faxing@c-textilep.com

中国纺织出版社天猫旗舰店

官方微博http：//weibo.com/2119887771

三河市延风印装有限公司印刷　　各地新华书店经销

2019年11月第1版第1次印刷

开本：880×1230　1/32　印张：7

字数：130千字　定价：39.80元

前言

每个女人都梦想着获得幸福，然而对于幸福是什么、如何才能获得幸福，每个人却仁者见仁，智者见智。毕竟，幸福不是一件商品，有出库的标准可以参考；也不是一种东西，可以用价值去衡量。幸福是对于人生的感悟，是对于人生的态度，甚至可以被视为一种对待生活的艺术。作为女人，要想获得幸福，首先要提升和完善自己，要让自己足够优秀，足够美好，才能拥有真正的幸福。

现代社会非常浮躁，对于人生，每个人都有不同的态度，更何况对于幸福呢？因此作为女人要把自己变好作为最首要的任务去完成。女人的美好有哪些呢？纯真、善良、独立、自信、自强、内心从容、仪态优雅、积极乐观、充满正能量……总而言之，一切美好的形容词，都可以配得上幸福的女人，也可以作为女人追求幸福的资本。那么，就从此刻开始让自己变得更加美好，更加接近完美，从而才能如愿以偿地获得幸福。

在民国时期，张爱玲曾经说出名要趁早，但作为一名奇女子，张爱玲不能称得上是幸福的。在人生的道路上，她追求爱情而不得，还因为与胡兰成之间的感情，而受到牵连和伤害。后来，遍体鳞伤的她又与赖雅在一起，最终在赖雅去世之后，她独活于人世，孤独地去世。这样清凉凄苦的一生，张爱玲尽管也曾轰轰烈烈，却没有获得真正的幸福。和张爱玲相比，林徽因无疑是人生赢家。林徽因是一个典型的江南女子，长相端庄清秀，出生在书香世家，让她从小就受到了文化的熏陶，也得以接受更加开明的西方教育。后来，她拒绝了浪漫才子徐志摩的求爱，选择了更加踏实稳重的梁思成，从此夫唱妇随，开创了中国建筑学的先河。林徽因极富才情，不但在建筑学上有深厚扎实的功底，而且在诗词等方面也独具天赋，同时，她还擅长以女性的视角看待建筑问题，带有哲学家的沉思。可以说，林徽因与梁思成是相互成就的，即使在战乱的年代里，他们也始终执手不离，让别人都对他们特别羡慕。

和一生孤苦的张爱玲相比，林徽因当然是幸福的。然而，不是每个女人都是林徽因，也不是每个女人都可以成为林徽因。从林徽因和张爱玲身上，我们能够得到什么呢？学习张爱玲强大的内心，感受林徽因由内而外散发出来的优雅，不管是张爱玲在创作上的成功，还是林徽因在家庭上的圆满，对于每个女性而言都是值得仰慕和学习的。

现如今，有很多人都喜欢以女神称呼女性，实际上，女神的称呼叫出来很容易，但是让自己配得上却很难。对于女人而言，只有美丽的容颜还远远不够，毕竟容颜易逝，在岁月这把杀猪刀面前，又有几个女人能成为不老的神话呢？因此不如充实自己的内心，提升自己的气质，让自己变得优雅而又高贵，富有智慧和才华。这样的女人，才能在时光的流逝中历久弥新，才能在人生的成长中找准方向，也才能真正地拥有充实美好的人生。

编著者

2019年9月

目录

第一部分

像张爱玲一样 ——自己强大，开出绚烂生命之花

第二部分

像林徽因一样——美丽智慧，岁月蹁跹不绰优雅

第一部分 1

像张爱玲一样

——自己强大，开出绚烂生命之花

第01章　幸福来之不易，更要懂得珍惜

对于幸福，女人总是怀着极致的渴望，不管是普通的邻家少女，还是有才情的绝代女子，她们都本能地渴望获得温暖和幸福，也渴望在人生的漫漫长途中“愿得一人心，白首不相离”。对于很多男性而言，爱情也许不是必需品，但是对于绝大多数女性而言，爱情绝对是生命中不可缺少的一部分，就像阳光、空气和水一样。

不要学张爱玲玩火，要远离婚外情

提起张爱玲，喜欢她的人真的很多，还有人称她为民国世界的临水照花。然而，就是这样一个满腹才华、清高孤傲的女子，在遇到胡兰成之后，却把自己低到了尘埃里。在认识张爱玲的时候，胡兰成已经有了第二任妻子。然而，这个文字美到极致的汪伪政府的汉奸，不管是对待政治，还是对待爱情，从未有过任何的忠诚存在。

胡兰成自称为荡子，也的确把自己的一生变得登徒浪荡。哪怕得到了张爱玲全心投入的爱，他也从未感到过满足，而是与张爱玲在一起两年多之后，就爱上了护士小周，后来又与范秀美不

清不楚，暧昧浪荡。然而，张爱玲在爱上胡兰成之前，从不知道爱情的滋味，才初尝爱情就遇到这样一个不负责任的人，而且虚伪可恶，张爱玲虽有过恨，但更多的却是爱。她明知道胡兰成已经有过两任妻子，却还是无法自救地坠入对胡兰成的爱情之中，她苦苦等待着有朝一日能够与胡兰成结婚，即便在与胡兰成分手之后，也几次三番以稿费接济胡兰成。张爱玲不知道的是，胡兰成既然能为了她而抛弃妻子，也就会为了更新的人而忘记她。正是在这样循环的怪圈中，张爱玲很快从看着旧人哭的新人，变成了被新人看着哭的旧人。

爱情就是这样，即使低到尘埃里，也不能换来美妙的爱情，更不能让爱情洗去铅华，变得忠诚。作为一代才女的张爱玲，就这样被胡兰成伤得体无完肤，原来水性杨花不仅仅指的是女人，也指的是很多薄情寡义的男人。现实生活中，也有很多女孩特别喜欢大叔类型的男人，哪怕对方已经有了家室，她们或者因为迷恋男人的权势，或者因为迷恋男人本身的魅力，而如同飞蛾扑火一般不管不顾，一定要与大叔扯上各种各样的关系。不得不说，这样的爱情带来的只有毁灭。

从道德的角度来说，介入他人的婚姻原本就是不道德的行为。很多年轻貌美的女性小三上位，却忘记了那被称作人老珠黄的前辈，也曾经有如花似玉的一天，而自己即使今日光鲜亮丽，未来也一定会青春不在，容颜老去，最终成为被抛弃的旧人。

在流传千年的乐府诗集里，有人曾说“我欲与君相知，长命无绝衰”。何为相知？顾名思义，是相互、相等、相爱。在爱情里，不要把自己放低，因为当你低到尘埃里的那一刻，你也就与爱情绝缘了。

适度牺牲，才能经营好爱情

众所周知，在爱情中，每个人都要无私地付出，才能一起浇灌绚烂的爱情花朵。然而，爱情从来不是一厢情愿地付出，否则一方就会低到尘埃里，根本无法与另外一方相爱。爱情，从来不是仰视，也不是俯视，而是平等地对视。在张爱玲与胡兰成的事情里，一直都是张爱玲在付出，在放低自己，去迁就胡兰成。而胡兰成呢？则像是一只成精的狐狸一样在吮吸张爱玲的骨血，滋养自己干涸、麻木与自私的灵魂，所以最终张爱玲与胡兰成分道扬镳，在胡兰成依然幻想着张爱玲对他有眷恋的时候，张爱玲已经在开始称呼胡兰成为无赖人。这个称呼，恰恰意味着张爱玲已经在这段早就已逝去的爱情中开始反省，也挣脱出来。从本质上来说，也可以认为张爱玲与胡兰成在爱情中的付出始终处于不对等的状态，所以这段感情才会以一方的高高在上、一方的卑微而结束。

在与赖雅的感情中，张爱玲其实也是付出比较多的，尤其是在物质上。但是，老弱的赖雅给了张爱玲精神上的依靠，让张爱玲从与胡兰成受伤的爱情之中挣脱出来，终于可以得到平等的精神之爱。甚至赖雅生病，需要张爱玲养活和照顾，张爱玲都从来不抱怨，而是始终无怨无悔，心甘情愿。由此可见，张爱玲从来不是一个物质的女子，她所求的只是纯粹的爱情而已。

现代社会，偏偏与此相反，有太多的女孩变得以物质至上，在寻找人生伴侣的时候，从未想过是否要与对方携手并肩努力奋斗，而总是要求对方必须有多大的房子、多少钱、怎样的车子。最终，让爱情在物质和金钱的浸淫中变了味道。还有的女孩与此相反，她们是极少数的女孩，和张爱玲一样为了爱情奋不顾身，飞蛾扑火。难道这样无私无畏地付出，就一定能得到更好的结果吗？当然不是。

对于爱情，也不用这样不计较地付出，因为人总是有劣根性，对于轻易得到的东西从来不珍惜，更不会爱惜。所以作为女孩，要适度付出，既不要吝啬对所爱的人付出感情，也不要总是不计较地为所爱的人付出一切。在爱情里，既要有所保留，也要保持距离，从而才能为爱情保鲜，让爱情始终在最好的限度内保持旺盛和鲜活的状态。

不要让爱因为争吵而褪色

有些人可以容忍陌生人在某些地方做得不好，或者对他们无意间造成伤害。但是一旦把陌生人换成熟悉的人，尤其是相爱的人，他们的容忍度就会马上大大降低。难道不应该是相爱的人更加彼此包容和挚爱吗？为何情况偏偏相反呢？这就涉及了心理学上的安全度。

从心理学的角度而言，人们只在自己信任和依赖的人面前撒娇，是因为他们对于亲近的人有很高的安全度，哪怕自己无理取闹，或者自己做出各种过激的举动对方也不会离开自己而去。正是在这种心态的影响下，在爱之中，人们表现出一种奇怪的行为，越是对于所爱的人越是苛刻，对于陌生的人反而宽容。此外，从人际关系的亲疏来说，牙齿和舌头总是容易咬在一起，而牙齿从来不会咬到鼻子，这是因为牙齿和舌头的关系更亲密，而牙齿与鼻子之间则没有交集。人与人之间也是如此，越是关系亲密的人，越是要相互依存着生活，所以更容易与对方发生摩擦和矛盾，而越是关系疏远的人，越是不容易有互动，也就很少发生争吵。

在所有的家庭里，真正能够做到举案齐眉的夫妻太少了，否则一定生活得就像天上的仙子一样不沾烟火气息。大多数夫妻都是凡夫俗子，都沾染着烟火气息，每天都离不开和柴米油盐酱醋茶打交道，所以总是会爆发各种各样的争吵。有的时候，争吵并非因为什么了不起的原因，而只是因为彼此之间小小的摩擦，甚至只是因为一句话说得不对。这样固然能够证明彼此的关系很亲近，但是在这个世界上，爱情之中真正坚若磐石的关系是不存在的，当争吵的次数多了，难免会有小小的裂纹，而当裂纹到了不可调和的地步，就会以感情不和、性格不和等原因作总结，也作为分手的理由。

每个人都要知道的是，爱情是一回事，婚姻是另一回事。大文豪巴尔扎克也曾经说过，爱情带给人快乐，而婚姻让人更深刻地感悟人生。等爱情渐渐消失，夫妻之间就要找寻更加强大的理由，说服自己与曾经爱的人和谐相处。更有结婚很多年的老夫妻在分享婚姻秘笈的时候，说婚姻保险的秘笈就是遗忘。因为很多时候，真正的宽容无法达到极致，只有学会遗忘，在遗忘的过程中继续保持对于婚姻的新鲜感和包容程度，婚姻才能更加顺利地维持下去。

当然，现实生活中，真正相敬如宾的夫妻也是有的，只不过他们的感情和生活都少了一些烟熏火燎的气息。既然争吵是大多数夫妻生存的常态，那么就要把握以下几个原则，避免因为吵架把感情吵没了，也避免因为吵架而让彼此反目成仇。首先，吵架的时候一定要做到就事论事，不要总是把陈芝麻烂谷子的事情都翻出来，否则就会新仇旧恨一起算，导致彼此的嫌隙越来越深。

其次，吵架的时候不要搞人身攻击，更不要揭别人的短。一旦揭短，就会把原本无关紧要的事情变得矛盾升级和激化，也会使得事态发展不可控制。最后，吵架一定要控制好情绪，千万不要随口骂人。很多人把骂人当成说话，或者一旦情绪激动就无法控制自己去骂人，这都是很糟糕的表现。骂人动辄带着爹娘，这也是更加伤感情的吵架方式，一定要极力避免。总而言之，非到不得已不要吵架，而非要吵架的时候，也不要犯忌讳。真正恩爱的夫妻都是在爱情的激情褪去之后，彼此尊重，相互理解，才拥有了超越爱情之上的亲情，从而做到彼此包容，相互尊重，在岁月的流淌中越来越合拍。记住，争吵的目的是为了解决问题，而不是让婚姻破裂，所谓不忘初心，方得始终，也只有时刻牢记这一目标的人，才能最大限度打开心扉，包容自己与他人。

人生总是需要风一程雨一程

最近，单位里一个95后的女孩儿准备离职，她其实才刚刚大学毕业，加入公司才半年的时间。工作挺清闲的，做起来也不难，她为何要辞职呢？上司很不理解。但是，95后的女孩振振有词："我在学校里的时候，每天晚上都是五点半准时吃饭，但是现在的工作五点半才下班，又离家很远，导致我回家吃饭的时候已经七点半之后了。最近，我的胃对我提出抗议，我的体重也蹭蹭地上涨，这都是因为吃饭太晚、晚饭之后没有时间锻炼的缘故。”这样冠冕堂皇的理由，上司还能说什么呢？总不能告诉女孩，五点半下班已经很早了，有多少人别说七点半吃饭了，七点半的时候还没有关掉加班的灯呢！

随着时代的发展，不同年龄段的人想法上的差距越来越大。例如，几十年前的人，恨不得能在正常上班之外，可以加班多挣点儿外快呢，如今的孩子就算让他下班后去抢钱，他们估计都不是很乐意。也许是安逸的生活过久了，他们误以为自己可以就这样过下去，始终得到父母的保护和照顾，始终在父母的安排下按部就班地生活就好。殊不知，父母总要老去，哪怕你现在是父母的心肝、宝贝，哪怕父母对你爱不够，他们也无法庇护你一辈子。人生，不管对于男性还是女性来说，总是要风一程雨一程。尤其是作为女性，因为本身体力就比较差，在很多事情方面也不占据优势，这就更要激发自己的能量，让自己全力以赴奔向成功。

觉得生活苦并没有什么奇怪的，因为生活的本来状态就是以苦涩打底，而甜蜜和幸福只是生活的调味剂。既然如此，就要接纳生活本来的面目，也要悦纳生活的一切惊喜或者惊吓，这样才能最大限度激发自己的潜能，提升自己的能力，让自己在成长的道路上坚持不懈，砥砺前行。

没有一种人生不辛苦，人生的常态就是苦涩。很多时候，我们看到别人生活得光鲜亮丽，就以为他们一定是顺遂如意的，其实不然。只是因为他们掩饰了生活的辛苦和不如意，或者是因为他们有更强大的承受能力，想要接受生活的淬炼。不管是哪种原因，都要相信美好生活终究会绽放，而我们所要做的就是风雨兼程，等待生活的花期。

要有勇气，背负人生的责任

很多朋友都抱怨，在生命的历程中，所得到的太少，所失去的太多，与此同时，还要承受更多的东西。其实，这正是生命本该有的样子。如果生命总是那么随遇而安，轻松惬意，还如何能够变得厚重起来呢？很多人对于生活，始终都非常积极努力和上进，但是他们却不知道，自己这么拼尽全力去拼搏，目的是什么。现代社会，一味地埋头苦干当老黄牛显然行不通，每个人都要想清楚自己对于生活的渴望，才能最大限度激发生命的力量，也才能看准前行的方向，从而坚持不懈地去努力。唯有如此，才能斗志昂扬，才能永不放弃。

有人说，努力拼搏是为了赚取更多的钱；有人说，绞尽脑汁削尖了脑袋往上爬，是为了身居高位；也有人说，拼尽全力去做，只是为了证明自己。实际上，一个人不管把成功界定为什么，他们努力做好一切的目的，就是为了拥有更多的选择权利。

从本质上而言，人生就是由一个又一个选择组成的，只有在该选择的时候拥有主动权，也在应该取舍的时候拥有资本，人生才能不断地向前，持续地进步。要想成为真正的人生强者，还要在选择之后，能够承担起相应的责任，不辜负人生的使命。无论是风一程还是雨一程，无论是拼尽全力让人生始终明媚还是轻松惬意得过且过，这都是每个人的选择，也都意味着每个人必须承担的后果。

菊自从大学毕业后就与青梅竹马的男友结婚了。婚后不久，丈夫要和几个朋友一起开办公司，和菊商量，让菊辞掉工作，专心照顾家庭。菊一开始很迟疑，后来因为怀孕了，也不想再奔波，就同意了丈夫的决定。此后十年的时间里，随着丈夫的事业发展得越来越好，菊一直过着从容富裕的生活。直到有一天，有一个女人出现在菊的面前，而且告诉了菊她的身份。

得知丈夫有了外遇，而且还给那女人买了房子，菊简直如同遭遇晴天霹雳。想想自己这十年来始终在家相夫教子，做贤内助，菊觉得自己进入了一个惊天大骗局。身边的人都劝菊“男人有钱就变坏，时代如此”，让菊不要离婚。菊思来想去咽不下这口气，和丈夫离了婚，带着孩子单独过。可想而知，一下子失去经济上的支援，对于孩子也必须凡事亲力亲为，菊感受到前所未有的压力。然而，她在决定离婚的那一刻就知道自己将会面临怎样的局面，为此，她丝毫没有抱怨，更不曾向着生活低头。在短短一年的时间里，菊就像变了一个人一样，从一个养尊处优的阔太太，变成了一个可以扛着沉重的煤气罐上楼的女强人。菊在伤心过后，觉得自己获得了新生，她反而心里变得踏实，觉得再也没有任何东西能把她击垮。

没有人能保证自己的人生一帆风顺，也没有人能避开命运的打击和残酷的玩笑。每个人唯一能做的就是接受，想方设法让自己做得更好，增强自己的能力，提升自己的水平。所谓兵来将挡，水来土掩，生命的突然袭击和天灾人祸一样让人无法预估和对抗，那么就勇敢面对吧，任何时候都要以坚强的脊梁扛起人生的责任，绝不畏缩！

是渣男成就了今天的你

前几年，电视剧《我的前半生》热播。电视剧中的女主角罗子君，因为遭遇渣男前夫的出轨，失去了安逸的生活，不得不独自带着孩子从头开始打拼。一开始，就连妈妈在内都觉得罗子君一定没法活下去了，纷纷劝说罗子君要忍气吞声，原谅前夫出轨。幸好，罗子君虽然一直以来养尊处优，失去了在社会上打拼的能力，但是她并没有失去尊严。最终，忐忑的她强忍着对于未来的恐惧，选择带着孩子离开丈夫。

罗子君的闺密唐晶经过多年的打拼，已经成为职场上不折不扣的“白骨精”，罗子君虽然和唐晶毕业于同一所学校，但是却因为一直在家里相夫教子，早就把大学里学到的那点儿东西还给老师了。为此，她不得不从超市理货员开始做起，忍受繁重疲惫的工作，支撑起自己和孩子的一片天空。在此后成长的过程中，她吃过很多苦头，也遭遇过无数次白眼，但是她有着不服输的精神，也下定决心一定要活出个样子来，给自己和身边的人一个交代。尤其是在和前夫出轨的对象凌玲在一起共事的时候，罗子君更是受尽欺辱。最终，罗子君终于成功了，她虽然事业上还是不如唐晶，经济上也不如前夫，但是她可以自己养活自己和孩子，也可以看到未来的光和希望所在。

如果没有前夫的出轨，罗子君也许迄今为止还在安逸舒适的家里享受，从来不知道自己居然有这么大的能量，能够做如此伟大的事情。从这个意义上而言，正是前夫的出轨，才成就了今日的罗子君，也才让罗子君知道自己的人生远远可以比想象中更好。

现实生活中，很多运气不好的女孩儿在找寻爱情的时候，都会遇到渣男。所谓渣男，顾名思义就是非常糟糕、非常混蛋的男人，他们非但不能给所爱的女人提供更好地生活，反而在与所爱的女人相处的过程中，肆无忌惮地伤害她们。怯懦的女人在遇到这样的渣男之后，只会怨天尤人，也会因此而一蹶不振，真正强大的女人有一颗倔强的心，她们从不轻易向渣男屈服，她们会勇敢地忘记那些不如意，有的放矢地激发自身的力量，让自己获得更好的成长。

努力的人生，从来也不嫌太晚。作为女人，也许一开始会贪图安逸的生活而放弃奋斗，但是当觉得生活有了转向标志的时候，就要当机立断调整好心态，拼尽全力去打拼。记住，生活何时开始都不算晚，只有内心有勇气的女人才能随时随地打开人生的崭新天地，也才能不遗余力地把人生活得精彩而又充实。

积极改变，才能依靠自己

靠山山会倒，靠人人会跑，对于女人而言，不管有没有男人可以依靠，都一定要让自己强大起来，这样才能真正有底气。每当遭遇婚姻的变故，从幸福原本在手心里的状态，到幸福遥不可及，很多女人总是感觉遭遇灭顶之灾，甚至觉得人生无以为继。其实，在这个世界上，地球离开谁都会转，作为女人，也并不是要如同凌霄花一样依附在男人身上才能生存的，最重要的是要有坚定不移的勇气，要能够最大限度打开生命的枷锁，释放自己的所有能量。

常言道，生活如同逆水行舟，不进则退。这句话很有道理。在生活的长河中，一个人要想保持原地不动是很难的，因为河流正在向前，所以即便对于生活的要求很低，只想维持相对的静止状态，也必须更加积极地改变自己，让自己保持进步的姿态。如果想要保持更加前进的状态，还要保持比河流更快的速度往前，唯有如此，才能依靠自己，也才能拼尽全力创造生命的奇迹。

作为女人，一定要始终牢记一点，那就是命运掌握在自己手中。生活中，有太多的女性朋友受到传统思想的影响，总觉得女性应该依附于男性生活，导致自己在遇到任何事情的时候都特别被动。实际上，女性完全无需依赖男性生活。现代社会，很多父母都有了新观念，也会不遗余力地供养女孩儿读书，实际上就是希望女孩儿将来能够自己养活自己，彻底打破“嫁汉嫁汉，穿衣吃饭”的魔咒。

当然，人是有惰性的，对于已经习惯的生活模式和思维方式，人们总是不愿意轻易去改变。实际上，在这个瞬息万变的时代里，不改变才是最大的冒险。当你身边的一切人和事情都在改变，墨守成规的你一定会被远远甩下，甚至会跌得很惨。所以明智的女性朋友从来不会拒绝改变，相反，在生活之中，她们还会想方设法寻求改变。举个简单的例子，如今在大城市里生活，如果小夫妻家里没有老人帮忙带孩子，那么作为妈妈的女性往往会选择辞职在家。其实，在家带孩子的过程中，上进的女性朋友可以想出很多办法努力进取，为自己获得更好的成长。例如，可以开一个公众号分享育儿心得，也可以报名参加培训班，拿到自己期待已久的证书，还可以做一些兼职的工作，慢慢地积累经验。偏偏有太多的全职家庭妇女在带养孩子的过程中，除了一日三餐、洗衣拖地之外，从未想过任何办法提升和完善自己。最终，当男人事业有成、爱上别人的时候，她们只有哭天喊地的份儿，根本没有任何招架和还击之力。不得不说，这样的被动实际上是自己造成的，她们原本可以很好地调整心态，也可以借助于全职在家的机会学习、进取，最终却白白浪费了这样的机会，导致自己遭受厄运的打击。

想要拥有怎样的人生，就要做出怎样的选择。作为女性，要想拥有与时俱进的人生，就要更加努力上进，才能在成长的道路上，抓住一切的机会砥砺前行。很多女性朋友都有一种可怕的思想，觉得自己没有男人那么优秀，作为女性原本就要依靠男人生活，为何还要那么拼搏和努力呢？其实，这种想法完全是错的。任何时候，你所掌握的知识都只属于你自己，你所学会的技能也都永远在你的手上。充实自己，努力进取，积极改变，受益的只有你，你为何还不当机立断进行改变呢？改变，从此刻开始，从心开始！

人生有悲剧，但悲剧会结束

面对变幻莫测的人生，很多内心脆弱、不堪打击的女性朋友，活生生地就把喜剧变成了悲剧，这是因为她们总是沉浸在已经发生的悲剧之中，无法从消极郁闷和绝望的心情中跳脱出来。实际上，人生之中不管遭遇了什么事情，随着时间的流逝，我们总要走出来，这样才能面对未来的人生，也才能及时为人生止损。所以说，人生有悲剧，但是悲剧要有结束的时刻，这样才能迎来喜剧的上演，否则一旦让悲剧成为人生的基调，那么人生就会变得暗无天日，你也会变得彻底绝望。

还记得鲁迅笔下的祥林嫂吗？祥林嫂的命运的确很悲惨，不但失去了丈夫，孩子还被狼叼走了，只剩下一只小小的鞋子。这样的打击，对于妈妈来说是无法承受的痛苦。为此，祥林嫂不管见到谁都会哭诉，一开始，人们还非常同情祥林嫂，但是随着时间的流逝，人们再听到祥林嫂的哭诉时，就会躲开。也许是因为人心冷漠，也许是因为祥林嫂一次又一次的讲述引起人们的超限效应，所以他们根本不愿意继续听祥林嫂诉说。归根结底，是因为祥林嫂把一个悲剧翻来覆去地说，结果导致悲剧无休无止，惹人生厌。

有人说命运是不公平的，有人说命运很公平，在给人关上一扇门的同时，还会给人打开一扇窗。实际上，命运是否公平，并不取决于命运本身，而取决于人们对于命运采取的态度。对于积极乐观的人而言，哪怕命运坎坷，充满挫折，他们也能从中发现积极乐观的因素，从而更好地成就自我。对于悲观绝望的人而言，他们就算生活相对顺遂，只要有小小的不如意，也会非常抱怨，不愿意调整好心态去面对。这样一来，最终的结果就是把悲剧变成连续剧，导致人生不能及时止损，而在不断地损失中消耗殆尽。

黄玉是一个六岁女孩儿的妈妈，此时正在面临离婚的困境，原因是她的丈夫在外面与另外一个女人生了个儿子，而且那个女人现在再次怀孕了。得知那个女人的儿子已经两岁了，黄玉不由得恨得咬牙切齿，也为自己一直以来都处在被丈夫蒙蔽中而怨恨自己。黄玉要求丈夫和那个女人分开，丈夫说不可能放弃儿子，思来想去，黄玉居然做出了一个错误的决定，那就是要再生一个儿子来挽回丈夫的心。亲戚朋友都劝说黄玉要及时了断，带着一个女儿也好开始新生活，但是黄玉却执迷不悟。一年多之后，黄玉想方设法再次怀孕，也如愿以偿生了个儿子。但是，丈夫每个月只给她微薄的抚养费，而完全不着家。黄玉不停地与丈夫吵架，打闹，甚至扬言要带着一双儿女跳楼，丈夫都不为所动。

不得不说，黄玉原本可以在这段失败的婚姻关系中及时止损的，如今却把婚姻的悲剧变成了连续剧，还牵扯了一个无辜的孩子。在现实生活中，没有任何人能打包票自己的婚姻不出问题，在出现问题之后，要分析清楚问题所在，从而才能有的放矢地解决问题。如果总是拎不清，在一个问题还没有解决的情况下，又把问题变得更加复杂，那么婚姻的悲剧就会变成连续剧，受到伤害的女性朋友也会因此而把自己置于更加糟糕和复杂的境地，让自己的人生蒙上更加悲情的色彩。

婚姻中更需要主动的态度

在别人眼中，若曦的生活衣食无忧，丈夫事业有成，家里住着几百平米的大别墅，开着豪华的车子，完全无可挑剔。只有若曦自己知道，在婚姻之中，她的地位有多么尴尬。原来，她是婚姻的守门员。

若曦和丈夫是经过别人介绍认识的，结婚后才渐渐有了感情，也很快生育了一对双胞胎儿女。所以若曦在丈夫面前很有资本，丈夫在有钱之后，对若曦也很好。然而，正应了那句话，男人有钱就变坏。在事业有成之后，原本在若曦面前低眉顺眼的丈夫，很快变得趾高气昂，再也不会对若曦言听计从。不过，由于若曦养育了一双儿女，丈夫为了维持家庭稳定，只敢在外面找小三，从来不敢对若曦提出离婚。渐渐地，若曦的工作就变成了捉奸。每天，若曦都会跟踪丈夫，而且趁着丈夫不注意的时候，就跑到公司里搞突然袭击。为了避嫌，丈夫虽然把公司里的文秘和助理都换成了男性，但是却没有停止在公司以外的地方搞事情。

有一天晚上，丈夫很晚都没回家，若曦当即出动，居然把丈夫和小三堵在了宾馆的床上。在若曦一把鼻涕一把泪的数落和两个孩子的持续施压下，丈夫决定与小三分手。为此，若曦骄傲地向着身边的人炫耀："这已经是我赶走的第四个小三了。这些女孩子真是脑袋瓜子被门挤了，居然要打我老公的主意，要知道我可是战胜小三的专业户啊！"身边的人听到若曦的话，不由得苦笑起来："这样的日子，什么时候是个头呢？"若曦不以为然："没关系，我耗得起，我是正房，捏死这些小三就是分分钟的事情。"

听到若曦的话，你会怎么想呢？当一个女人用一生之中大部分的时间去抓小三，这个女人生命的意义又在哪里呢？现代社会中，有太多的成功男士都是家里红旗不倒，外面彩旗飘飘。很多作为正房太太的女性，因为没有勇气离婚，重新开始人生，就只能充当起婚姻守门员的角色。实际上，真正美满的婚姻是不需要一直守着的，而应该是夫妻之间彼此相亲相爱，不管做什么事情都很合拍。尽管婚姻和爱情是两回事，但是婚姻依然要有爱情作为基础，才会更加幸福。否则，当婚姻变成了两个毫无感情的人搭伙过日子，夫妻之间在一起还有什么意思呢？

作为女人，千万不要以“没有不偷腥的猫”来安慰自己，劝说自己接受男人出轨的事实。实际上，这只是女人为自己找回面子最糟糕的一种方式而已。这个世界上还是有纯真的爱情的，最重要的在于，作为女人要相信爱情，也要捍卫自己爱情的权利。在爱情之中，真正幸福的女人不需要充当守门员的角色，因为在一段婚姻里，如果作为丈夫的人连给女人安全感都做不到，那么这样的婚姻也就失去了继续维持下去的理由。所以在婚姻之中，明智的女人不会被动地守候，而是会主动地出击，维持和经营好感情，也让家变成充满爱和真情的地方。

不要让婚姻在悲剧中轮回

记得曾经有一位爸爸给自己的女儿写了一本书，在这本书里，爸爸再三叮嘱和提醒女儿，不要和单亲家庭的男孩相处，不管他的父母是因为离异还是一方遭遇不测，单亲家庭的孩子在感情上都会有所不同。这位爸爸还告诉女儿，如果男孩的父母不同意这门亲事，就不要执拗着性子一定要坚持走入这段婚姻，能分手最好就分手，否则未来他父母的态度就会成为这段婚姻的隐患。看到这里，很多年少不更事且以爱情至上的女孩，一定会想：爱情是神圣的，纯粹而又高尚，为何要在乎他父母的态度呢？况且，单亲家庭的男孩原本已经失去了父母一半的爱，为何又不能得到美好的爱情呢？

的确，乍听起来，这样的劝说和叮嘱似乎带有排斥的意味，而实际上当你真正地走入婚姻，你会发现婚姻绝不是两个人的事情，而是两个家庭的事情。很多年轻人越是遭父母反对越是要走入婚姻，结果婚后生活得并不好，与对方父母的相处更是成为很大的问题，因而悔之晚矣。曾经有心理学家经过研究发现，原生家庭的生活模式，会对于孩子产生深远的影响。甚至在一些不健康的原生家庭里长大的孩子，长大之后还会犯罪，这都是因为童年时期的心理阴影导致的。

思雅在结婚之前，身边有很多朋友都提醒她："你的男朋友好像是个妈宝，千万要小心啊，这样的男人、这样的家庭是最可怕的。"思雅对朋友解释："他从小爸爸就去世了，妈妈独自一个人含辛茹苦把他养大，特别疼爱他，他听妈妈的话也是正常的。我相信，婆婆一定会像疼爱他一样疼爱我！"听到思雅这么说，朋友们都摇头叹息。最终，思雅义无反顾地嫁了，但是才结婚半年，她就懊悔不已，坚决要提出离婚。

原来，因为从小在妈妈的照顾下长大，思雅丈夫对于妈妈的依赖非常严重，就连每天穿什么衣服都要完全听妈妈的。理所当然地，他要求思雅也和他一样听从妈妈的话，已经从小独立习惯了的思雅，根本做不到。最重要的是，思雅丈夫还特别依赖妈妈，常常会把思雅一个人丢在卧室，去妈妈的卧室里陪伴妈妈一起入睡。思雅简直崩溃，为此和丈夫吵架了好几次，但是都没有好的改变。无奈之下，思雅只好提出离婚，结束这如同噩梦一般的日子。

很多女性在不顾家庭的反对和男友结婚之后，都会发现原本以为不会对小家庭的生活起到影响的公公婆婆，尤其是婆婆，对于小家庭的生活影响是特别大的。虽然婆婆不能左右儿媳妇，但是可以影响自己辛辛苦苦养大的儿子，这样一来，自然也就把影响力的触角伸到小家庭里来了。有些婆婆与儿媳妇之间简直就是在进行一场没有硝烟的战争，目的就在于争夺她们同时深爱的男人。

从心理学的角度来说，男性在步入婚姻的时候，适应的过程很长，他们往往已经结婚一年半载了，还没有调整好自己的角色，还没有意识到自己已经成为一个新家庭里顶天立地的男子汉。尤其是平日里习惯了被父母骄纵宠溺的男孩，责任感的形成更是非常缓慢。所以作为女性，在寻求婚姻的时候，在确定两个人合适的情况下，一定要更多关注男性背后的家庭。在健康快乐的家庭中成长的男孩，往往也身心健康，感情方面更有责任感，而如果男孩在残缺的家庭中长大，不知不觉间就会受到原生家庭的影响。当然，这不是说我们要忽略男孩本身，归根结底，爱情还是要以两个人的合适作为基础，而不要过多瞻前顾后。是在考察男孩本身以外的条件时，不要忽略了对于男孩原生家庭的考察。当然，如果真的彼此相爱，那么也要有信心和勇气一起去战胜困难，在婚姻中携手并肩成长，这也是很重要的。

没有人是人生的预言者

在这个世界上，真正的预言者根本不存在，尤其是在问题牵扯到爱情和婚姻的时候，这样的预言更是要慎重再慎重地做出。实际上，对于那些连自己都回答不出来的问题，我们却想要从别人那里寻找答案，这怎么可能呢？很多问题，问天不如问自己，因为至少自己有切身的感受，也与事情密切相关。遗憾的是，偏偏有很多被感情困扰的人，总是会情不自禁地想要从别人那里寻求正确的答案，却不知道根本就没有所谓的正确答案存在。

纵然大才女张爱玲，在与胡兰成的感情即将走到尽头的时候，都可以原谅胡兰成出轨护士小周，而只希望胡兰成能给她明确悔改的态度。对此，胡兰成既放不下张爱玲，也舍得不护士小周，最终让张爱玲黯然情伤，选择与胡兰成离婚。在最初轰轰烈烈爱上这个男人的时候，张爱玲一定不曾想到自己居然有一天也会被其他的女人取代。然而对于胡兰成这样不负责任、极端自私的男人来说，这样的事情有再一再二，就会有再三再四，所以张爱玲几次三番想要原谅胡兰成，也只是一厢情愿而已。

没有人能保证自己的爱情和婚姻不出任何差错，在意外发生的时候，选择以怎样的态度面对，往往是让人倍感煎熬的。实际上，不管以怎样的态度面对，这段婚姻已经注定输掉，那么明智的女性就会及时止损，避免自己再承受更大的损失和伤害。

基于婚姻的特性，一段婚姻一旦遭遇背叛，彼此之间失去最基本的信任，想要重建和修复关系就会非常难。有些选择原谅对方的人，其实一直都在折磨自己，她们会不断地问自己："我还能相信他吗？""他真的会悔改吗？""我们的未来到底会如何呢，我可不想这样同床异梦啊！"然而，没有人知道答案，虽然大多数男人在出轨之后都会不停地出轨，但是也的确有少部分男人是因为遭到别人的陷害而出轨，所以他们似乎想要真心悔改。在婚姻之中的很多问题，都是基于夫妻关系的基础上发生的，所以旁观者根本不可能知道答案，更不可能知道夫妻关系的走向。常言道，至亲至疏夫妻，这句话告诉我们夫妻关系可以非常亲密，甚至愿意为了对方付出自己的生命，也有可能非常疏远，甚至变得形同陌路。

没有人是婚姻的预言者，也没有人是人生的预言者。要想在生命的历程中走出属于自己的精彩洒脱，就一定要更加全力以赴地面对人生，也要努力真正成为人生的掌舵手，掌控自己的命运。还记得张爱玲笔下的《半生缘》吗？当年，吴倩莲、梅艳芳、黎明、黄磊和葛优，联袂出演了这部经典影片，大获成功。在《半生缘》里，十几年的光阴过去，顾曼桢在看到世钧之后，轻轻说了一句“我们再也回不去了”，道尽了人在面对无情命运时的无奈和心酸。不要等到回不去的时候再懊丧，在如今的时代里，每个人都要成为自己的上帝，做自己的主人，驾驭自己的人生。

不要把希望寄托在别人身上

大学毕业后，王玲被青梅竹马的男朋友抛弃，在感到悲愤、委屈之余，她在别人的介绍下，匆忙和一个并不喜欢的男生结婚，一头撞进了婚姻生活。原本是想用婚姻来医治失恋的伤，没想到婚姻生活与王玲想象中大不一样。

婆婆是一个寡妇，年纪轻轻就失去老伴，一手抚养两个儿子长大，王玲的丈夫虽然是长子，但是在素来强势惯了的婆婆面前，他也是非常听话的。结婚没多久，王玲怀孕了，眼看着大腹便便即将分娩，王玲想去市里的医院生孩子，婆婆却表示反对：“生个孩子有什么了不起的，县医院都不用去，去中医院就行。中医院里报销比例高，而且还有认识的人可以帮忙。”王玲从小就是独生子女，凡事都有爸爸妈妈安排，为此性格很温和，不好意思和婆婆顶撞，就把自己的想法告诉丈夫，想让丈夫代她向婆婆传达意思。然而，丈夫也和婆婆一样的态度：“生孩子没什么的，妈说让去中医院，就去中医院吧！”就这样，王玲在中医院生孩子，已经进入产程才发现孩子是臀位，根本生不下来，为此只好转入手术室进行剖腹产手术。结果，孩子出生的时候缺氧，出生之后住了好几天保温箱，而且医生说还要等到半岁之后才能确定有没有缺氧后遗症。

在这个事情之中，王玲的丈夫固然是软弱的，但王玲的态度也是非常软弱的。生孩子，不再是以前的观念所认为的很简单，实际上是生死攸关的时刻。作为新时代的女性，一定要坚持自己的想法，不要因为得不到他人的支持，就自动放弃想法。没有人能够保证自己的决定一定是正确的，所以不要把希望都寄托在别人身上，如果身边没有人能够代替自己做出正确的决定，那么就要理性思考，认真分析，知道采取怎样的决策会有怎样的后果，从而坚定不移地做出决断。

在人生中的很多时刻，我们都会面临艰难的选择，不要让选择禁锢住我们的思想和灵魂，而是要在任何时候都保持对自己的忠诚。不管是谁做出的选择，最终都需要我们承担责任，都需要我们勇敢面对，既然如此，为何不勇敢无畏地支撑起人生的脊梁，为自己做出明智果断的选择呢？记住，每个人都是自己的造物主，不要把生命的希望寄托在别人的身上，也不要盲目迷信别人的智慧一定能够拯救我们。最重要的在于，我们的内心也始终昂扬向上，做好准备，这样才能在生命历程中做到兵来将挡，水来土掩，才能成功地驾驭和主宰命运！

第02章　现实有多残酷，女人就该有多坚强

在艰难跋涉的岁月中，我们把别人当成风景看，也在不知不觉间成为了别人眼中的风景。然而，不管是看风景，还是被当成是风景看，现实都是残酷的，也常常会出现各种各样不和谐的音符，被作为人生惊喜的挑战。对于人生，我们总是逃无可逃，既然如此，就不要再逃，而是鼓励自己不断地成长，成为人生的强者，真正地主宰和驾驭人生。

坚强的女人，才能在时光机中治愈自己

有人说，时间是最好的良药，能够治愈一切伤痛。的确如此，在时光的流转中，总有些伤口渐渐地结疤，总有些花儿谢了又开。对于人生，我们既要怀着远大的理想和志向，也要避免过于苛刻地憧憬。因为希望越大，失望也就越大，唯有调整好心态，坚定不移地做自己，才能真正做到勇敢坚强。

也有人说，没有故事的人生是苍白的。那么作为一个有太多故事的女人，到底是幸还是不幸呢？才情如同张爱玲，因为从小就父母分开，没有完整的家庭，生活给她留下的深深浅浅的疤痕，从来没有在她的生命之中愈合过。也许直到生命终结的那一

刻，张爱玲依然记得自己被父亲毒打之后锁在楼梯下的小房间里的情形，在这一生之中，她该有多少不甘心，又有多少遗憾呢？在被胡兰成伤害之后，赖雅走进了她的生命，也给予了她一生之中不可多得的温暖。后来，张爱玲把一切都准备好，穿戴整齐孤独地死去，正是她对于生命的释然。时光终究治愈了她，也让她在结束一生之后，走得从容。

人生之中，谁能完全做到顺遂如意，没有任何挫折和磨难呢？尤其是女人，原本就是敏感细腻的，也是多愁善感的，就更是会对人生产生各种各样的感悟，也会因此而丰富和充实自己的心灵。实际上，每个人活着，所需要的很少，只要卧眠的一张床，只要一日三餐。遗憾的是，现代社会有太多的女人陷入物质的欲望之中无法自拔，她们总是奢望自己拥有更多，最终剥夺了自己感受幸福与快乐的权利。

当你因为自己失去了双脚而哭泣的时候，你要知道，这个世界上有的人连双腿都没有，所以不要因为得到太少而怨声载道，命运给予你健康的身体，就是希望你可以鼓起勇气，拼尽全力，去掌控人生。真正坚强的人，不是强忍住眼泪不流出来，而是能够笑中带泪，在含泪的时候，也依然能笑出来。在面对命运的坎坷挫折时，她们从来不会抱怨命运不公，而只会坦然接受，从容面对。记住，笑到最后的人才是笑得最美的人，面对重重打击和磨难，当你绽放出最绚烂的笑容，你要相信命运一定不会亏待你。

还记得那个坐在轮椅上爱笑的女孩吗？她叫桑兰，原本是国家队的一名运动员。然而，在去美国参加友好比赛的时候，在赛前的热身运动时，她倒地不慎，导致颈椎着地，从此高位截瘫。才17岁的年纪，原本她的梦想是为国增光，现在她的梦想是希望有朝一日能够站起来。然而，命运是残酷的，桑兰最终只能坐在轮椅上度过一生，这个坚强的女孩在受伤后再次出现在公众面前时，从未哭泣过，而是始终绽放笑容。

如今的桑兰已经与经纪人黄健组成了幸福的家庭，而且拥有了可爱的儿子。她经受住了时间的考验，也成功地闯过了命运致命的打击。桑兰以切身经历告诉我们，女人啊，命运有多么残酷，你就要有多么坚强，只有经受过生命的考验，你才能在时光机中治愈自己。

人生的有些路，需要一个人去走

在人生的历程中，我们总是害怕寂寞，从而愿意和更多的人一起同行，这样才能给自己壮胆，也才能消除心中的胆怯，让自己一路假装快乐地唱着歌走下去。然而，这样虚伪繁荣的表象，一旦到了独自一人的时候，就会完全被揭穿，甚至孤独的人还会忍不住落下泪来，不知道如何面对未来的人生之路。

从心理学的角度来说，人都有从众心理，喜欢随大流，似乎在更多的人群中，才能感到心安和踏实。但是，如果扔到人堆里就看不见，和别人完全一模一样，又有什么意思呢？所以在随大流的同时，也有人追求特立独行，他们希望自己能够区别于他人，也希望活出独属于自己的精彩。就像台湾作家龙应台说的：总有些事情，必须自己独立去做；总有些难关，必须孑然一身去闯；总有些路啊，必须一个人孤独地前行。人生向来如此，有的时候是热闹，有的时候却是隐藏在热闹背后，镌刻在骨子里的孤独和寂寞。

能够忍耐孤独的人，可以做到坦然接受人生，而唯有能够享受孤独的人，才能品味孤独的滋味。通常情况下，男人是更喜欢孤独的，甚至有心理学家提出，男人在特定的时间里不喜欢被打扰，只喜欢一个人安安静静地待着。相比之下，喜欢孤独的女人很少，尤其是年轻的女孩儿往往最害怕一个人待着，她们只想融入更多的人群之中，感受繁华和热闹。那些能够忍受孤独的女人，往往是成熟的女人，她们不但有充实而又强大的心灵，也有独立的经济基础，甚至还有除去巫山不是云的复杂感情经历。最重要的是，她们有思想，对于人生也有更加深刻的领悟。每当不得不独自面对孤独，她们就像在品味一杯苦咖啡，一小口一小口地喝着，绝不想向孤独缴械投降。最终，在与孤独的相处中，她们变得越来越豁达睿智，也可以有的放矢地利用孤独的时光感受生命的悸动。

有很多女性朋友都无法准确区分什么是寂寞，什么是孤独，为此她们也就常常把寂寞和孤独混为一谈。实际上，寂寞和孤独有着本质的不同。当寂寞的时候，打开电视机，让家里有除了自己的呼吸声之外的声音，就可以驱散寂寞。但是当孤独的时候，哪怕身边环绕着很多人，有着嘈杂的人声，这份刻在骨子里的孤独也是不会消散的。女人要学会品味孤独，也要学会与孤独共处。孤独就在每个人心灵的深处，从来不曾远离。有些女人内心强大，还会选择独自去旅行，这实际上就是与自己独处的能力。在独处的过程中，我们会更加接近自己的内心，靠近生命的本能，也会更加领悟到生命的真谛。

在这个世界上生存，任何时候，都不要特别去依赖一个人。因为当你习惯了这份依赖，你就会失去自我，当你失去了这份依赖，你就会彻底迷失在生命之中。无论何时，也不管面对怎样的生命境遇，我们都要坚强地独立行走，勇敢地面对有可能出现在生命历程中的一切惊喜和惊吓。当孤独已经融入你的生命之中，你就会如愿以偿成为一个坦然随性的女子。

耐得住寂寞，经得起繁华

现代社会，有很多年轻人都喜欢追星，也渴望获得成功，殊不知，在每一个成功者光鲜亮丽的背后，他们必然付出了加倍的辛苦和努力，也依靠着自己熬过了黎明到来前最黑暗和寂寞的时刻。要想成为人生的强者，就一定要经得起繁华，更要耐得住寂寞。没有人的人生始终都是繁华似锦的，就像在海洋之中总是有波峰和波谷一样，人生的路上，也会有繁华和寂寞交替出现。

很多人都喜欢歌星刘德华，也喜欢看刘德华演的电影，却不知道刘德华在最初加入歌坛的时候，总是会被歌迷们起哄、喝倒彩。后来，他觉得自己不擅长唱歌，因而改行作词，却被前辈批驳得体无完肤。还记得刘德华的歌曲《笨小孩》吗？其实，这首歌正是刘德华唱给自己的。曾经在漫长的一段时间里，他都很笨拙，不管做什么事情都无法做到最好，别人付出努力能够达到的高度，他要是想达到，就必须付出至少三倍的努力。即便如此，刘德华也从未放弃努力，他总是非常努力，从不抱怨。在这样的勇气和坚持之下，他才能当之无愧成为四大天王之一，也才有了后来的成就。如今的刘德华在歌坛上和影视圈里，都是不折不扣的元老级人物，也有了属于自己的辽阔天地。谁人还记得他曾经的寂寞呢？相信他自己一定不曾淡忘过。

林徽因作为一个集合才情与美貌于一身的女子，曾经开办了“太太客厅”，在圈子里引起了不同凡响的轰动。很多当时的文人雅士都积极地参加太太客厅，他们如同众星拱月般地环绕在林徽因身边，感受着林徽因独特的魅力。然而，在逃亡的日子里，林徽因和梁思成带着老小，不停地住店、坐火车，不知道人生的驿站到底在哪里。后来，她与梁思成身居陋室，在艰难困苦中把家过得津津有味，正所谓苦中作乐。不得不说，林徽因是一个经得起繁华，也耐得住寂寞的女人。从一个十指不沾阳春水的大家闺秀，到一个洗手做羹汤的主妇，她不但拖着患病的身体照顾全家老老小小的生活，甚至还学会了修整房屋，这简直让那些曾经认识她的人感到怀疑：她还是那个太太客厅里光鲜亮丽、春风得意的女子吗？就连林徽因自己都向友人倾诉，如今的落寞与曾经的繁华热闹之间，简直恍如隔世。

作为一个女子，不但要有能力营造繁华，也要有能力忍受寂寞，并且要在寂寞清苦的日子里打造出相对安适的生活，这对于女子的才情、气魄与适应能力，都提出了至高的要求。没有人能够保证自己始终都在繁华的山巅，生活就像过山车，总是给人带来急速攀升和下降的巨大落差，只有内心淡然的女子，才能从容面对命运赐予的一切，也才能全力以赴过好生命中的每一天。

充实自己，获得与世界对视的权利

在传统的观念中，始终认为女子无才便是德，实际上，女子不但要有才，还要多多见世面。古人云：读万卷书，行万里路。

除了旅行之外，读书也是帮助女子开阔眼界的好方式。和旅行的诸多限制相比，只要愿意读书，女子总能抽出时间来读书。当女子用知识来充实自己的心灵，开拓自己的眼界，就能获得与世界对视的权利。不得不说，这样的女子足以与世界平起平坐，足以让自己变得更加欢喜，也得到他人的喜爱。

遗憾的是，在现实的生活中，尽管很多女子都已经得到平等接受教育的权利，也能够与男性平分秋色，承担起相同的责任和义务，但是依然有很多女子对于自己的要求很低，甚至有些女子之所以接受教育，只是为了能够钓到金龟婿，找到一个理想的丈夫。不得不说，女子对于思想的进化还要更加积极努力，要知道每一个女子都是顶天立地的人，都要和男人一样有着开阔的心胸，也要有勇气与这个世界对视。唯有如此，女子才能真正顶起世界的半边天，也顶起自己人生的一片天。

2016年，钱锺书的夫人杨绛先生去世了，引起了文坛的轰动，让无数人都为之落泪。杨绛先生之所以被称为先生，而没有被冠以钱锺书夫人的称呼，就是因为她是一个独立、睿智的知识女性，浑身散发出智慧的光芒。

其实，杨绛先生之所以学识渊博，与她从小喜欢看书有密不可分的关系。杨绛最喜欢的就是看书，阅读不但丰富了她的知识与心灵，也让她具有深厚的文学功底。在钱锺书创作《围城》期间，杨绛先生一边全力以赴做好后勤工作，一边创作了好几部喜剧和悲剧，并且从未间断对于外国文学的翻译。不得不说，是才情和知识铸就了杨绛先生的一生，也让杨绛先生的人生变得璀璨夺目。

现代作家王朔也很主张女性一定要丰富和充实心灵，因而在《致女儿书》中写道："你必须丰富内心，才能让生活表面的相似有所区别。"的确，活出独属于自己的精彩，是每个人毕生的追求，既然如此，就要非常努力，把一切做到更好，也要全力以赴，才能让知识充实与丰富自己的心灵。要想做一个美丽知性有才情的女子，就要从现在开始用书香浸润自己的人生，用书籍充实自己的心灵！当你有足够的底气与整个世界对视，你会发现自己的人生有了更多的底蕴和资本，你终于可以站起来，平视这个世界，也可以全力以赴奔向最美好的人生。也许有些女性觉得自己整日忙于工作、照顾家庭，根本没有时间读书。其实不然，爱读书的人总是能挤出时间来读书，或者在平日里散步、旅游的过程中，也随时有一双智慧的眼睛去发现生活的真善美，充实自己的心灵。所谓学无止境，只有拥有一双火眼金睛，才能最大限度地发现生活的美，领悟生活的真谛，感受生活的与众不同！

张爱玲的逐爱人生

在《半生缘》中，顾曼桢是那么渴望得到世钧的爱，与世钧展开人生的画卷，偏偏世钧是一个善良而又有些愚钝的男人，做事情总是百转千回，缺少果决的勇气和气魄。最终，正是各个方面的原因造成了顾曼桢一生爱的悲剧，在若干年后与世钧相遇，已经向着现实妥协的顾曼桢心中依然有着深深的遗憾，只能对世钧轻轻地说一句“我们再也回不去了”，此后人流如潮，穿梭而行，仿佛每个人都在穿越时光，阐述着自己内心的故事。

爱情，总是让人百转千回，也总是让人在感受到爱的欣喜和欢愉的同时，感受到命运无情捉弄的痛苦。在对的时间爱上对的人，在爱情中得到身边亲朋好友的支持和祝福，这是最大的幸运。偏偏现实生活中有太多的爱情，总是让人感到遗憾，甚至倍感痛苦，所以就有了逐爱的人生。

张爱玲因为从小受到父母离异的影响，也与继母相处得不好，最终逃离家庭，奔到母亲和姑姑身边。对于爱，她是缺失的，也是充满渴望和向往的。曾经为了表达对爱情的渴望，张爱玲创作了《落叶的爱》。在细腻的文字中，张爱玲独具慧眼，向我们展示了她所理解的充满世俗烟火气息的爱情。然而，即便是这样一个传奇和通透的女子，也无法拒绝爱情的神奇魔力，所以她才会在与胡兰成的爱中被伤得很重，一方面作为婚姻插足者而受到世人的指责和唾弃，另一方面因为胡兰成的汉奸身份，也使得她的职业生涯发展受到很大的影响。即便如此，她也没有放弃爱情，甚至在发现胡兰成与护士小周不清不楚之后，她还给了胡兰成选择的机会。这就是爱情，让人神魂颠倒，让人低到尘埃里。

对于每一个女人而言，爱情或许就是人生的全部，或许就是人生中绝不可缺少的一部分。生活中如果没有爱情，就像花朵没有芳香一样，必然黯然失色。然而，在如同飞蛾扑火般扑向爱情的时候，女人一定要更加理性，不要忘记爱情存在的基础是生命，如果没有健康的生命，如果没有独立的个性，低到尘埃里的爱情带给女人的只有苦果，甚至是毁灭。

遗憾的是，在残酷的现实世界，并非每个人都会如愿以偿地拥有爱情，也并非每个人都能幸福地与所爱的人相拥，牵手一生。更多的爱情使人感到遗憾，倍感痛苦，这也许并不是坏事情。在爱情的锤炼中，每个人对于人生都有了更加深刻的感悟，也能够真正理解人生的内涵。爱情就像是看起来绚烂美丽的罂粟花，带着一份妖艳，对人有着无穷无尽的吸引力。人生从未有重新来过的机会，面对爱情，女人又该怎样去做，才能真正地把握爱情，也拥有被爱情滋养的人生呢？

爱，必然有所图

现实生活中，常常有女孩标榜自己是绝对的爱情至上主义者，所以对于爱情完全怀着无私无畏的态度，有着飞蛾扑火的勇气。然而，爱情真的应该无所图吗？如今所说的爱情无所图，实际上是狭隘的意思，意思是说在爱情之中并不过分看重物质等外部因素，而是更加看重爱情的本质。然而，从深层次的爱情含义来说，爱，必然有所图。一个人爱上另一个人总是有原因的，或者是因为对方性格憨厚，或者是因为与对方兴趣相投，或者是因为对方很风趣幽默……总而言之，人与人之间彼此相爱，一定是有原因的。

爱，必然有所图。当24岁年纪正好的张爱玲，认识了38岁有着汉奸身份也有妻室的胡兰成，她到底图什么，才会义无反顾、不顾身边人的反对，与胡兰成坠入爱河呢？最终，张爱玲被胡兰成背弃，很多人都为张爱玲鸣不平，但是张爱玲却从未因为爱上胡兰成感到后悔。张爱玲的所图很简单，那就是胡兰成懂她。为此，她不管是为胡兰成背负骂名，还是因为胡兰成的风流成性感到焦虑不安，她都从未后悔过。很多女人不理解，张爱玲是这样一个爱情至上主义者，为何对于胡兰成的风流成性都能够接受呢？这与张爱玲生活和成长的环境有着密不可分的联系。张爱玲的祖父、父亲，无一不是妻妾成群的，所以她也从未奢望过自己所爱的男人必然很专一也很专情。此外，因为从小就失去父亲的爱，张爱玲对于胡兰成还有恋父情节存在，胡兰成正好满足了她对于如同父亲一般的男人的渴望，年龄反而成为胡兰成的优势，而没有丝毫减弱张爱玲对他的爱。

不得不说，每一段爱情之所以能够开始和维持下去，一定是有理由的。尤其是对于爱情的开始，不同的人在投入爱情的时候怀有不同的渴望，这让他们对于爱情的追求变得更加执着和狂热。但是，不要忘记，爱情从来都不是一个人的事情，也不是任何一方单方面的付出就可以维持下去的。爱情是相互的，付出也应该是投桃报李，彼此都从对方那里得到感情上的满足和精神上的慰藉。

每个人对于爱情的理解都是不同的，但是有一点却是完全相同的。那就是当他们在爱情中无所图时，也就意味着这段爱情即将消失，不复存在。由此可见，这个世界上从未有过没有原因的爱，当你为一个人怦然心动的时候，你一定是被对方的某些特点打动。既然如此，就跟随着自己的心去做出决定，而不要过于在乎世人的眼光和评价，毕竟人活一世，如果没有奋不顾身地去爱过，对于人生而言就是莫大的遗憾。

鞋子是否合脚，只有脚知道

在很多影视剧里，甚至在现实生活中，我们都曾经看到过相爱的人不顾世俗的眼光和非议，就这样在一起，但是在相处没多久之后，他们却又选择分开。这样闪电般的爱情速度，让旁观者觉得难以接受，只有他们自己才知道，在一起后的他们发现彼此并不合适。现实就是如此，有的时候，在别人眼中光鲜亮丽、天造地设的一对，在真正走到一起之后，才发现彼此并不是最合适的人选，为此他们只能选择结束爱情，学会放手。这就像是女人穿着非常漂亮的水晶鞋，得到了他人的啧啧赞叹，但是又有谁知道她们是砍掉了一个脚趾，或者失去了半拉脚，才能勉强把脚塞入水晶鞋里的呢？只有真正穿着水晶鞋很合适的灰姑娘，才能成为王子的心上人。

只有那个真正地投身于爱情的人，才知道这段感情是否适合自己，也才能确定自己是否可以和对方一起携手走入婚姻。任何时候，都不要因为别人的眼光而选择投身于爱情，或者选择真正走入一段婚姻。归根结底，鞋子是否合脚，只有脚知道，在决定把爱情发展成婚姻的时候，只有真正的当事人才知道自己应该对婚姻采取怎样的态度。

张爱玲在一本书中写道："于千万人之中遇见你所遇见的人，于千万年之中，时间的无涯的荒野里，没有早一步，也没有晚一步，刚巧赶上了，那也没有别的话可说，唯有轻轻地问一声：'哦，你也在这里吗？'"这样平淡朴实的文字，恰恰是张爱玲渲染瑰丽爱情的独特方式，看似平淡无奇的描述，却在不知不觉间就拨动了每个人的心弦。张爱玲一生用了很多笔墨去描写爱情，但是却很少写到自己的爱情。在爱情之中，张爱玲如同飞蛾扑火，只是被对于爱的激情和渴望驱使着向前，却完全忘记了自己应该理性审查爱情，确定这段爱情是否合适。爱着的她把这一切统统都忘记了，不顾家人的反对义无反顾地和汉奸胡兰成在一起，最终又被胡兰成的薄情寡义伤得体无完肤。不得不说，张爱玲爱上了一个不该爱的人，所以也就无法从胡兰成那里得到合适的婚姻。

没有任何女人可以真正了解爱情的真谛，也没有任何女人可以战胜对于爱情的痴迷。爱一个人的确是很容易的事情，在怦然心动的瞬间，爱情就这样不可避免地发生了，也就这样不可遏制地生长了起来。然而，爱情不是一时的烈火燃烧，而是要如同细水般长流。要想拥有长久的爱情，要想让爱情开花结果，就一定要理性面对爱情，要用尽全心全意的力量去控制自己对于爱情的痴狂，要问自己："这段爱情真的适合我吗？"只有合适的爱情，才能给女人的人生带来璀璨的力量，如果说不合适的爱情是相互毁灭，那么合适的爱情则是相互成全，彼此成长。

爱是风花雪月，也是阳春白雪，但是爱情终究要依托于婚姻，才能更好地延续下去。当你带着爱情走向婚姻，就一定要选对人，这样才能更加感受到爱情带来的幸福与满足，从而避免被不合适的爱情伤害得体无完肤。人生是漫长的，爱情是最好的调味剂。用爱情来给人生着色，也给人生增添乐趣，这才是更加完美的人生。

学会放手的人，才是真正的成长

难以想象像张爱玲这样一个清高孤傲的女子，居然在得知胡兰成爱上小周，并且丝毫也不掩饰地把小周娶回家之后，还能原谅胡兰成。这的确正如张爱玲所言，这是一份低到尘埃里的爱，但是这样的卑微并没有换来爱人的珍惜，反而使得胡兰成更加变本加厉，丝毫不顾及张爱玲的感受，更加放荡肆意。最终，张爱玲被伤害得体无完肤，心灵在备受煎熬和折磨后，才选择放手。也可以说，放手正是张爱玲对于这一段世人眼中糊涂荒唐的爱做出的理性决定，也意味着张爱玲在此过程中获得了成长。

在这个世界上，没有任何女人不愿意独享自己的爱人，哪怕在封建时代女性必须三从四德，必须忍受丈夫纳妾，但是在各房太太之间，也会有很多内斗的情况发生。可想而知，张爱玲对于胡兰成的爱有多么深，才会容忍胡兰成在外面寻花问柳，风流成性。最终，张爱玲从对胡兰成的这段爱情中挣脱出来，重新活出了自己。

很多女人对于爱情的消散，总是不愿意承认，也总是对于爱情有不切实际的渴望。实际上，爱情来也匆匆，去也匆匆，当爱情凋零的时候，面对一个不爱自己的男人，女人一定要学会及时止损。否则，在一段已经失去爱人的爱情中，女人即使把自己低到尘埃里，也无法换来曾经的爱人回心转意。

当对爱情感到无望的时候，女人们为了安慰自己，总是说自己与所爱的人之间没有缘分。实际上，的确如此，缘分既使人相互亲近，也使人相互分离，这都是缘深缘浅的不同导致的。为此在追求爱情的道路上，一定不要盲目地钻入牛角尖，也不要总是奢求得到完美的爱情，对于每个人而言，最重要的就是活在当下，把握拥有，而不要奢求改变他人，更不要盲目地通过各种极端的方式捆绑所爱的人。当爱情不在了，人与人之间就像是失去了黏合剂，彼此的关系就会变得疏远，变得淡漠。与其与不爱自己的人每天烦恼地相对，还不如学会放手，给对方也给自己一个机会。所谓宽容他人就是宽宥自己，这一点在爱情烟消云散的时刻表现得非常明显。任何时候，都不要盲目地陷入爱情的漩涡之中无法自拔，唯有以更成熟的姿态面对爱情，接受爱情的变化，我们才能真正主宰爱情，成为爱情的主人。

遗憾的是，很多人在爱情摇摇欲坠的时候，总是优柔寡断，或者一味地想到爱情曾经的美好，导致自己更加无法果断地放手。这样一来，不但禁锢了别人，也囚禁了自己，导致既无法回到从前，更无法坚定不移地奔向未来。任何时候，只有坚定不移勇往直前，才能在人生的道路上寻找到更多美好的事情。记住，不管为何而选择放手，如果曾经真的彼此相爱，就不要让这份缘散尽，给对方留下一些好的印象，在分手的时刻也要保持美好的姿态，这才是最正的爱。爱，从来强求不得，没有任何人能够左右和控制他人的感情，除非他人真的心甘情愿，情不自禁。既然如此，就在面对爱情的时候随遇而安，顺其自然吧，要相信，终有一天你会拥有属于自己的爱情！

当爱情支离破碎，生活还应该一如往常

在读大学期间，她就与他相爱，大学一毕业，他们就进入了婚姻的殿堂。然而，幸福的时光总是短暂，随着事业有成，他在外面有了其他的女人。她愤恨不平，心中充满了无穷无尽的恨。为了避免离婚，她不惜拿腹中的胎儿作为要挟，最终，她胜利了，他不再提出离婚。然而，他却很少回家，即使回家，也总是不笑，这让他们的婚姻蒙上了永远也不会消散的雾霾。这样的十年时光过去，转眼之间，他们都已经年届不惑。这个时候，她突然顿悟：守着一段不爱的婚姻，耗费了十几年的青春，我得到了什么呢？

她主动提出了离婚，给了自己自由，也给了他自由。离婚之后，她并没有像曾经所想的那样痛不欲生，而是照样安然地过自己的日子，而且还再次走上社会开始工作。一开始的确很难，但是她努力咬紧牙关渡过了难关，最终她成功地改变了自己的命运，还得到了一位优秀中年男士的爱慕，她终于释然。

爱情总是折磨人，来的时候轰轰烈烈，走的时候悄无声息，也许在不经意间，爱情就已经破碎满地，无以为继。很多女人都把爱情看成是人生的必需品，觉得一旦爱情不在了，生命的延续就没有了意义。其实不然，生命固然重要，爱情更加重要，在这两者之间，还有一个东西远远地高于他们，那就是自由。正如一首诗中所说的："生命诚可贵，爱情价更高。若为自由故，两者皆可抛。"作为女人，为何要为一段逝去的感情囚禁自己的生命，让自己失去宝贵的自由呢？

张爱玲也曾经一度用对胡兰成的爱，把自己囚禁起来。后来，她痛定思痛，才决定彻底忘记胡兰成，开始崭新的人生阶段。在离开胡兰成之后，张爱玲在事业上有了很大的起色，对于人生也重新燃起了希望。她深深地明白，爱情不是空气也不是水，所以不是人生中不可或缺的。当需要放手的时候，一定要果断地放手，才能给予自己的人生新的契机。

在人生的道路上，每个人都要学会释怀，因为只有释怀，才不会在爱情的死胡同里把自己囚禁住。拥有爱情的滋润，固然可以让人生着色不少，但是如果没有爱情，我们也依然要活得风生水起。真正强大的女人，不会把所有的人生希望都寄托在爱情上，而是会努力地充实自己，提升自己，从而在生活中绽放从容绚烂的光彩！

不经历失恋，怎能在感情上快速成长

在爱着胡兰成的时候，张爱玲把自己低到了尘埃里，也因为爱着胡兰成，受到了世人的指责和诟病，但是这一切都没有使她后悔过。甚至后来胡兰成爱上了护士小周，又与范秀美牵扯不清，张爱玲也都选择原谅胡兰成。这样的一段爱情中，张爱玲到底付出了多少，只怕只有她自己知道。但是在决定与胡兰成分手之后，张爱玲很决绝，因为需要参考胡兰成的一本书，她遍寻不到而向胡兰成去借用，导致胡兰成产生误解，又想要撩拨张爱玲，却被张爱玲坚定不移地拒绝了。对于张爱玲而言，这样的坚定不移，是她在过往爱情中的快速成长。

在爱情之中，很多投入过多的女人，常常会被爱情伤害得遍体鳞伤。实际上，要想在爱情中获得成长，经历失恋是必然的阶段。因为失恋，女人会感受到痛苦；因为失恋，女人也会在成长过程中不断地历练自己，让自己更加坚持前行。当然，在这个世界上，一步到位的成功爱情很少见，更多的女性朋友在爱情之中，常常会被伤害，也会经历挫折和磨难。

实际上，正如前文所说的，爱情固然重要，却没有自由重要。所以古今中外，很多伟大的人物都具有很强的自制力，可以让自己在爱情面前表现出更强大的内心力量。即使遭遇失恋，他们也会尽量克制内心的感情，战胜自己的胆怯和软弱，从而更加坚定不移地面对失恋，获得成长。

众所周知，人生不如意十之八九。实际上，爱情的道路也不可能一帆风顺、一马平川。既然如此，女性朋友就要调整好心态，不要钻爱情的牛角尖。有的时候，痛苦和悲伤会给人一定的免疫力，让人在悲伤之余，变得更加坚强。记住，人生的节奏不会因为任何事情而被打乱，不管你是否愿意，也不管你是欢喜还是悲伤，人生就是这样稳稳当当地向前发展。与其被人生推着向前走，不如调整好心态，在人生之中采取积极主动的姿态，更加努力向前。记住，人生始终向前，只要心怀希望，绝不放弃，人生就会到达幸福的彼岸。

有人说，失恋就像一场重感冒，这其实也告诉我们，在经历一定的过程之后，感冒的症状就会减轻，身体的免疫力就会增强，人生也就会在成长的道路上获得更大的进取空间。前文说过，很多时候，我们要感谢那些出现在生命中的那些渣男。这是因为如果没有那些渣男的存在，也许就没有现在坚强独立的我们。人生之中，从来没有任何一段路程是白白经历的，任何时候，我们都要做有心人，这样才能在不断成长的过程增加人生的经验，也才能踩着失败的阶梯继续前行。

第03章　能够勇敢去追求，也能勇敢做自己

对于每个人而言，最大的成功是什么？有的人觉得成功就是赚取很多钱，也有人觉得成功就是获得更高的官位，还有人觉得成功就是赢得他人的认可和关注，总而言之，每个人对于成功都有自己的定义和标准，每个人也都奢望能够在追求成功的道路上更加顺利。殊不知，对于任何人而言，最大的成功是勇敢做自己，是活出自己的精彩人生。作为女性，一定要勇敢追求属于自己的人生，也要勇敢活出自己的精彩。

温柔的女人也可以很坚强

一直以来，女人都被视为温柔的代名词，殊不知，古今中外，河东狮吼的女人不在少数，巾帼不让须眉的女人则更多。尤其是随着时代的发展，女性能顶半边天的时代已经到来，作为女性，更应该外表温柔，内心刚强，这样才能不辜负柔情似水，也才能在人生之中遭遇困厄的时候，勇敢地挺起脊梁。

很多人都知道央视大名鼎鼎的当家花旦董卿。尤其是在近些年的春晚上，董卿更是继倪萍、周涛之后，成为春晚主持人的主力军。那么，董卿到底有什么与众不同之处，才能在成长的过

程中，铸就如此强大的自己呢？实际上，董卿从小就接受了爸爸苛刻的要求，不但每天要坚持跑步，而且不许花更多的心思穿衣打扮。有的时候，妈妈都觉得爸爸的要求对于一个女孩而言的确太过分，但是董卿全部都做到了。董卿曾经说，小时候最盼望的日子不是过年过节，而是爸爸出差。因为爸爸只有在出差的情况下，才会疏于对董卿的管教。可想而知，爸爸对于董卿的要求多么高，所以才会让董卿盼着爸爸出差，甚至偶尔还会怀疑自己是否是爸爸亲生的。

在传统观念中，很多人都认为女性应该天生柔软。然而，随着时代的发展，女性的确要柔韧，却不要过于软弱。柔韧是一种力量，而软弱却是胆怯和畏缩的表现。其实有很多心理学家也曾经提出，男性虽然非常刚强，但是他们在面对沉重的压力时，是没有女性那么柔韧的。所以当遭遇生活突如其来的打击，女性反而会比男性表现出更大的韧性，也能够激励自己坚持不懈地渡过难关。

在美国，大名鼎鼎的摩西奶奶说，一定要保持强大的内心，才能在人生之中不慌不忙，淡定从容。这就是内心强大的力量。很多人都喜欢才女林徽因，也知道林徽因是大家闺秀，实际上林徽因虽然温柔，但是内心却是很刚强的。在外逃亡的六年时间里，梁从诫曾经问林徽因：“妈妈，我们为何不住在家里呢？”林徽因回答：“因为不能当亡国奴。”后来，梁从诫很担心害怕日本人会打到他们逃亡的地方，问林徽因如果没有地方可以逃跑怎么办，林徽因坚定地告诉梁从诫：“还有一条路可以走，门口不就是扬子江吗？”如此刚烈的话，把梁从诫吓得赶紧拉住林徽因的手，林徽因告诉梁从诫：“国之不存，怎顾得你？”从这件事情可以看出，林徽因看似是个柔弱的女子，实际上她的内心非常刚强，绝不屈服。

作为女人，既要柔情似水，也要有钢铁般的意志。越是柔弱的女人，越是应该鼓起内心的勇气，激发出自身的伟大力量，这样才能在人生中遇到危难的时候，挺身而出，挺直脊梁，从而全力以赴做好自己该做的事情。唯有如此，女人才能成为自己的主宰，才能真正地掌控命运。

有个性的女人才有魅力

很多女人都误解了温柔，觉得温柔就是没有讲究，不讲个性，从而在面对很多事情的时候都唯唯诺诺。实际上，女性尽管要温柔，却也要有个性，因为只有独具个性的女人才更有魅力，也只有真正独立自强的女人，才能在人生之中活出属于自己的精彩。

还有的女性会把善良与一味妥协搞混，因而为了表现出自己的善良，就总是宽容忍让，取悦他人，而完全收起自己的锋芒。

从本质上而言，不管是温柔还是善良，都与个性丝毫不冲突。作为女性，既要勇敢地激发出自身的力量，也要在该坚持的时候坚持，从而才能活出独属于自己的精彩。否则，在一味地宽容忍让中，女性必然会失去内心的坚持，也会因为人云亦云，而失去自己的声音。

作为女性，适度地谦虚是必要的，但是不要把自己的位置摆放得太低。对于属于自己的权利和利益，一定要坚定不移去坚持，对于不属于自己的各种东西，也要学会放弃。同样的道理，当对于一件事情已经思考成熟，决定去做的时候，就要全力以赴做好。而对于自己不愿意去做的事情，哪怕被压制，也要勇敢地反抗，这样才能保持自己的尊严，拥有自己的锋芒。

这样的女人，是有主见的女人，她们从来不盲从，所以内心坚定不移，从来不会因为妥协而失去自己的主见。她们对人很宽容，对自己要求非常严格，为此她们表现出外在的温柔，实际上内心深处是绝不妥协的坚持。她们的个性很强，从来不屈服于生活中的不正当势力，也有着宁为玉碎、不为瓦全的精神。当然，她们也是从谏如流的，对于那些正确的声音，她们会理性地思考，之后再决定是否听从。所以她们尽管有个性，却从来不会孤芳自赏，也不会把别人好心好意的提醒置之不顾。她们在倾听别人的意见时坚持有则改之、无则加勉的态度，所以她们的进步很快速。

对于人生，她们有自己的目标和方向；对于未来，她们有自己的规划和憧憬；对于爱情，她们更有着自己的坚持。在这个物质和拜金的年代里，她们从来不会把自己的希望寄托在别人的身上。她们知道，靠天靠地，都不如靠着自己。为此，她们对于爱情的态度也非常纯粹，因为从未想过作为攀援的凌霄花依附于男人，也没有想过拥有不劳而获的生活，所以她们最大的心愿是能够以树的形象和所爱的男人比肩而立，共同承担，勇敢进取。

作为一个有个性的女人，请走好属于自己的人生道路，让别人徒劳羡慕去吧！

活出自己最真实精彩的模样

对于每个人而言，最大的成功不是仿照别人成功，也不是活成别人的样子，而是活成自己最真实精彩的模样。唯有如此，才不辜负生命，也才对得起自己。现代社会中，很多女性尽管已经为自己争取到受教育和工作的机会，却依然受到传统思想的影响，在做出人生决断的时候，总是不知不觉之间就受到他人的影响，也总是因为内心的软弱无力而屈服于外界的力量。例如，现代社会有很多大龄剩女，原本她们对于自己的婚姻大事并不着急，但是却无奈身边的人总是催促她们尽快完成人生大事，于是她们也就一头撞入婚姻之中，结果导致婚姻不幸福，人生也因此陷入困境。

有一位大名鼎鼎的女作家曾经说过，每个人都要坚守住内心的某一个地方，哪怕因此而得罪全世界，也要在所不惜。的确，人是群居动物，每个人都会活在世俗的眼光之中，要想活出独属于自己的精彩，就一定要坚持自我。要记住，哪怕你一日三变，总是跟随别人肆无忌惮的批评或者指责而改变自己，也无法得到所有人的认可和尊重。既然如此，为何不活出自己的精彩来呢，这样至少还坚持了真实的自我。

很多人都喜欢读台湾作家三毛的书，感受三毛文字中特立独行的魅力。的确，三毛是全天下最特别的女人，她敢想敢干，而且最终住到了很多人都心向往之却始终没有勇气去的撒哈拉大沙漠，也通过她细腻的笔触，敏感的内心，最终把神秘的撒哈拉展现在世人面前。

对于爱情的态度，三毛也始终坚持，在她的笔下，大胡子荷西栩栩如生。在很多女孩的心中，三毛都是瑰丽传奇一样的梦，让人感到可望而不可即。这样一个为了自由不顾一切的女人，这样一个为了活出自己的精彩而果断舍弃人生中更多欲望和享受的女人，是那么潇洒，那么快乐，她忠于自己的内心，从来不愿意轻易妥协。随着光阴流转，又有很多美妙的作品呈现出来，但是很多人对于三毛的喜爱从未减弱过，这是因为三毛是一个真实的人，她的文字也表现出她最真诚的心。

成功学大师卡耐基也曾经说过，一个女性最为独特的魅力，不是通过学习和模仿让自己变得更美好，也不是故意保持糟糕的行为习惯让自己看起来与众不同，而是拥有独特的魅力和气质，能够呈现出自我最真实的状态。作为女性，请记住但丁说的那句话——走自己的路，让别人说去吧！

很多女性朋友在穿衣打扮方面常常追求潮流和时尚，没钱的女性穿满大街都流行的衣服，有钱的女性则参考米兰时装周的装扮。实际上，这些都不是真正的时尚，真正的时尚是坚持自己的风格，穿出自己与众不同的风采！当女人，我们可以柔情似水，也可以秀外慧中，还可以风情万种，热情奔放，总之，这些都是我们自己可以选择和决定的。但是不管做出怎样的选择和决定都不要忘记最重要的一条，那就是始终坚持做最真实自然的自己，也活出独属于自己的充实与精彩！

心若改变，世界也随之改变

人们常说，心若改变，世界也随之改变。这句话告诉我们，心态决定人生。很多时候，客观外部的环境的确是让人心生焦虑，不知道该如何去面对，但是如果我们能够成功地调整好心态，先改变自己的心，再去适应外部的世界，那么说不定会在原本的困境中碰撞出激情的火花呢！

每个人的命运都掌握在自己手里，不要一味地认为命运多舛，而是要相信只要自己足够努力，足够坚持，就一定能够在与命运博弈的过程中占据上风。否则，当一个人总是屈服于命运的安排，跟随命运的节奏颠簸起伏，那么他们永远也不可能掌控命运，更不可能驾驭命运。

然而，每个人最大的敌人就是自己，这是因为人一旦形成定势思维，就很难改变。所谓打破思维的墙，实际上难度很大，因为思维的周围有着铜墙铁壁，将思维严密地困住，让思维无法挣脱。一个明智的人，总是善于采取发散性思维、逆向思维等方式来突破思维的局限，这不但对于学习和成长至关重要，对于人生也至关重要。大名鼎鼎的诗人陆游，曾经在一首诗里写下了这样的诗句——人生如春蚕，作茧自缠裹。一朝眉羽成，钻破亦在我。对于每个人而言，正是自己束缚了自己。

相比起男性，女性是更容易受到情绪影响的，她们更加敏感，也更加焦虑。为此，很多女性朋友在面对生活的不如意时，往往会做出更大的反应。但是，这并不意味着女性是软弱的。很多时候，她们会更加积极地前行，在受到打击之后勇敢地站起来，激励自己，让自己接受失败的洗礼。

如今，有很多孩子都喜欢读《哈利·波特》，却不知道《哈利·波特》的作者罗琳的人生始终很不顺利。后来，罗琳从曼彻斯特去伦敦旅行，在途中经过一个车站的时候，看到火车下站着一个小小的巫师。巫师非常瘦弱，但是脸上露出真诚的笑容，而且有一丝丝的狡黠。罗琳怦然心动，后来，她根据这个巫师的形象开始创作，最终写出了轰动世界的《哈利·波特》。

人生的很多契机，并非出现在那些重要的时刻，而是出现在不经意之间。只要我们的心始终充满希望，也向着光明，就能够改变自己的命运，勇敢地突破自我。人生是没有真正安全区的，尤其是对于女性而言，只有自己才给得了自己安全感。

作为女人，不要把人生的希望与幸福都寄托在他人身上，更不要总是乞求他人的施舍和怜悯。记住，这个世界上既没有天上掉馅饼的好事情，也没有免费的午餐，女人只有紧紧地把握命运，主宰命运，才能真正地实现自己的梦想，完成伟大的志向。

生命的路上时刻都有奇迹

面对命运，没有人可以始终笑出声来，这是因为命运常常和人开残酷的玩笑，也总是会带给人惊喜和惊吓。要想成为人生的强者，就一定要振奋精神，要保持对于生命的热情和顽强的毅力。正如人们常说的，困难像弹簧，你强它就弱，你弱它就强。

要想战胜困难，就必须保持强硬的态度，而不要轻易就向困难缴械投降。

台湾大名鼎鼎的作家吴淡如曾经说过，一个人如果不能改变外界，就要改变自己，这样才能避免画地为牢，才能让人生有更加开阔的天地。的确如此，我们不是神，无法真正地主宰命运，只有真正地接受命运的安排，悦纳命运，才能瞅准时机改变命运。命运对于每个人都是公平的，它在给你关闭一扇门的同时，也会给你打开一扇窗。重要的在于，在遭受命运的挫折和打击时，我们要始终保持昂扬的精神和积极的心态，这样才能从危机之中发现契机，也才能从挫折之中找到生命的转机。

要想成为一个成功的女性，就不要安于现状，也不要觉得眼前这一切就是生命最终的考卷。在生命的道路上，每时每刻都会产生奇迹，只有一个时刻做好准备的人才能抓住创造奇迹的机会。有人说人生是漫长而又难熬的，有人说人生是短暂而又仓促的，这其实并不取决于人生真正的长度，而是取决于每个人对待人生的态度。作为坚强的女性，不管受到命运怎样的对待，都不要轻而易举向着命运妥协，而是应该勇敢地站起来，与命运博弈，这样才能抓住最终的契机。在生命的历程中，每个人都要砥砺前行，也要全力以赴，才能得到命运的馈赠。

还有些女性在布满坎坷挫折的命运面前，常常会感到无奈，也会因此而对生命感到困惑。实际上，要想成就人生，就要全力以赴奔向命运的终点，在有了好的想法之后，也要当机立断去实现，否则就会在人生的历程中感到艰难和困惑，也会因为过度杞人忧天限制和禁锢了自己。记住，人的一生不应该庸庸碌碌地度过，只有不断地努力向前，持续地奋斗和进取，才能有所突破。

如今，很多人都知道格力空调，也很熟悉格力空调的当家人董明珠。董明珠的前半生顺遂如意，然而，她的命运在丈夫去世的时候发生了巨大的转折。在董明珠三十岁的时候，她的孩子才两岁，她的丈夫猝然离世。很多人都对董明珠的未来不看好，觉得她注定要很悲惨，然而，在丈夫去世六年之后，三十六岁的董明珠决定改变命运。她把八岁的儿子托付给妈妈照顾，自己一个人背起行囊去了南方打拼。才加入格力一年多，董明珠就在安徽创造了一千多万的销售佳绩。后来，公司领导很器重董明珠，又把董明珠调到南京去开拓市场。结果，董明珠创下了三千多万的销售传奇。在董明珠的带动下，格力电器的销售额节节攀升。正是因为如此出色的表现，董明珠才在2012年被任命为格力集团的董事长，并且在2015年成功率领格力进入世界五百强。

对于自己的传奇人生，董明珠非常淡然，她坚信只有改变自己，才能改变世界。正如人们常说的，世界以痛吻我，我却报之以歌。任何时候，我们都要与命运成为朋友，若即若离，永不分离。只有当一个坚强的女人，绝不轻易地对着命运妥协，我们才能在人生的道路上砥砺前行，创造出生命的奇迹。

你想要怎样的成功

对于成功，每个人都有自己的想法，也都有自己的目标和憧憬。然而，每个人都是这个世界上独一无二的生命个体，这也就注定了每个人心中所期待的成功是截然不同的。只有想清楚自己想要怎样的成功，我们才能确定人生的方向和目标，才能更加坚定不移地砥砺前行。否则，对于人生茫然无知的人，总是会在生命追逐的历程中迷失自我，也容易陷入更加深刻的困顿之中。

作为一名女性，更应该设定人生的目标，从而在目标的指引下才能全力以赴奔向未来，也才能在目标的进程中不断地坚持，勇敢地前进。有目标的人，即使在遭遇坎坷和挫折的时候，也能够排除万难，勇敢前行，更能够踏破人生的荆棘，绝不轻易懈怠。美国前总统罗斯福的夫人，当初在大学里读书的时候，准备毕业后随随便便找一份工作，获取薪水，养活自己。得知她的想法后，父亲为她引荐了美国无线电公司的董事长。董事长问她："你想要怎样的工作？"她漫不经心地回答："随便什么工作都可以。"董事长当即表情严肃，一本正经地说："我们这里，没有随便这种工作，也不欢迎对于工作怀着随便态度的人。"董事长的话使她感到很羞愧，她意识到自己对于人生和工作的态度都太随意了，为此当即道歉，并且决定改变自己。现在想来，她一定改变了自己的人生态度，否则后来就不可能成为总统夫人。

作为一名女性，如果面对人生中的很多事情时都采取随便的态度，甚至连自己想要怎样的成功都没有想清楚，那么可想而知，她们在成长的道路上必然进步缓慢，也必然会不知所踪。每一个人都必须要确立生活的目标，这样才能在实现目标的过程中战胜各种坎坷和挫折，也超越生活的困境，从而拥有自己理想中的生活。很多长期从事人力资源管理工作的人会发现，在职场上，那些出类拔萃的佼佼者，无一不是对于工作有着明确目标和清晰规划的人。他们总是能够全力以赴奔向既定的目标，哪怕遭遇坎坷挫折，也绝不随随便便地放弃。

实际上，不仅仅只有男性需要确定目标，树立人生的方向，女性也同样需要如此。试问，如果你根本不知道自己想从命运那里得到什么，命运又怎么会给你想要的东西呢？最重要的在于，一定要打破内心的局限，才能拥有天高地阔的人生。

林徽因就是一个对于自己的人生有清晰规划的人，所以在英国与徐志摩产生相互的爱慕之心后，她才会主动逃离。毋庸置疑，对于每一个女性而言，浪漫且富有才情的徐志摩都是令人怦然心动的，但是林徽因最终选择了与务实的梁思成结婚，组建家庭，这正是她对于自己的人生有准确目标的行为。

曾经有人说过，当你知道自己想要怎样的成功，并且能够积极地为此努力，那么整个世界都会为你让步。作为女性，你准备好为了自己理想中的成功和梦想中的人生全力以赴地拼搏和努力了吗？记住，你想要的生活就在你的眼中，你期待的人生更是把握在你的手掌心里。

井底之蛙怎能知道天有多大

很久以前，有个小青蛙生活在井底。井底的环境很安逸，从来没有波澜，也没有狂风暴雨，哪怕外面的世界已经昏天暗地，井底还是那么美好。每天，小青蛙都会在井底看向天空。有一天，有一只小青蛙被暴雨冲到井底，它很着急，迫不及待想要从井底逃离。井底的青蛙很纳闷：“外面有什么好的，井底的生活多么快活啊！”外面的小青蛙不以为然：“井底有什么好的，外面的世界才精彩呢！”找到一个机会，外面的青蛙跟随着打水的水桶，回到了地面上。井底的小青蛙实在太好奇，终有一天，它也下定决心来到井上的世界。它看着井上的一切，惊讶极了：“原来，井上的世界这么丰富多彩啊！”

如果井底的小青蛙从来不曾到达井上，它就永远也不可能知道井上的世界有多么诱人。人生也是如此，切勿犯坐井观天的错误，而是应该勇敢地从狭小的天地中挣脱出来，这样才能看到更多的景色。当然，越是在广阔的天地中，每个人也就要承受更多的压力，就像每一个勇敢的水手都曾经在海面上饱经磨难一样。

然而，压力总是与动力并存，如果不能避免压力，那么就要把压力转化为动力，这样才能最大限度激发人生的潜能。作为中国大名鼎鼎的射击女将，杜丽在2004年的雅典奥运会上为祖国夺得了第一块金牌。在成功的背后，她很清楚自己曾经付出了多少艰辛和努力，为此她这样诠释压力："只有享受压力，才能顶住压力。"的确，当压力如影随形无法逃避时，我们最应该做的就是挺直脊梁，就是要在人生的漫长经历中始终笑对压力。

在漫长的人生之中，每个人都与压力如影随形。孩子学习要承担压力，成人工作要承担压力，每个人在面对生活的时候也必然需要应付各种琐碎的事情，同样需要承担压力。所以面对压力，我们必须迎难而上，因为人生经不起一次又一次地逃避。只有把压力踩在脚下，只有勇敢地承受着压力砥砺前行，我们才能到达人生理想的彼岸，也才能在不断奋进的过程中，收获人生更多的美好。

人们常常希望能够岁月静好，其实真正的岁月静好在现代社会根本不存在，这是因为在如今的时代下，万事万物都处于飞速的发展和变化之中，一个人如果原地踏步，就会难以避免地退步和落后。即使保持与时代同样的进步速度，也只是做到与时俱进而已。最重要的在于，我们除了要保持不落后，还要想方设法地寻求进步，这样才能最大限度激发自身的潜能，也才能在人生的河流中永远奔腾在前。

努力，只为成就更好的自己

很多人对于自己为何努力，都没有明确而又正确的认识。例如，孩子认为自己努力学习是为了父母，父母认为自己努力工作是为了养活孩子，给孩子更好的生活。这样的努力理由听起来很让人感动，实际上却不是正确的。归根结底，每个人之所以努力，只为成就更好的自己。因为只有成为更好的自己，我们才能配得上更好的生活，也只有成为更好的自己，我们才能登高远眺见识到人生更多的美妙景色。

尤其是作为女性，生在这么好的时代，可以和男性平分秋色，更可以理直气壮地巾帼不让须眉，这都意味着女性获得了更为广阔的人生天地，也可以全力以赴地奔向最美好的人生目标。有人说人生是漫长的，有人说人生是短暂的，实际上对于争分夺秒去生活的人来说，人生终究是仓促的。正如奥斯特洛夫斯基在《钢铁是怎样炼成的》之中所说的，人，最宝贵的是生命，生命对于每个人来说只有一次机会。的确如此，对于每个人来说，想到了一件事情，要想好了要去做，要努力认真去做，否则稍一迟疑，也许合适的时机转瞬即逝，也许人生最美好的青春年华就已经不复存在。正如那首歌里所唱的，“时间都去哪儿了”，还没有来得及细细品味人生，人生就已经鬓角斑白，青春不在，这样的遗憾无疑令人感慨唏嘘。

作为央视的才女、当家主持人，董卿在决定负责主持《朗读者》的时候，内心其实是忐忑不安的。在《朗读者》要与观众见面的那天晚上，董卿在朋友闲置不用的房间里，和团队里的人，一起静静地守候在电视机前。此时此刻，一切都将会得到众人的评判，而他们的努力付出换来的将会是批评还是认可，这让董卿的心中忐忑不安。节目播出，获得了很好的反响，董卿和团队里的人一起举杯庆祝，但是他们并没有始终沉浸在成功的喜悦中，而是又开始针对节目的实际情况进行分析和总结，进行深刻的反思和深度的调整。等到第二期节目播出的时候，明显少了很多遗憾和瑕疵，多了几分圆满。正是在这样不断努力的过程中，董卿才能把《朗读者》做得越来越好。只有董卿自己知道，在半年多的时间里，她是怎样的殚精竭虑，为了把节目做得更好而付出了自己多少心血。也只有董卿自己知道，这个节目的成功蕴含了整个团队多少的心血。

现实生活中，有太多的人兜兜转转，不知不觉间就陷入拖延的状态，无法摆脱。实际上，这对于成长是极其不利的。光阴似箭，时光的流逝总是弹指一挥间，每个人都要抓住生命最宝贵的光阴，才能迅速提升和完善自我，才能在成长过程中有更大的进步空间。对于每一个女性朋友而言，最可怕的不是不够优秀，而是不够努力，或者是在努力的过程中，并不知道自己为何而努力。任何时候，我们都要坚定人生的目标和方向，都要拼尽全力去突破和成就自己。当遇见更好的自己，你才有了资本成就更美好的人生。

不当自己，你想当什么

现实生活中，有太多的女性朋友总是郁郁寡欢，也总是对于自己的人生感到不满意，为此她们常常紧张焦虑，也总是处处否定和批判自己，最终弄得自己心情焦虑，自信全无。不得不说，这是很糟糕的状态，这是不利于女性成长和发展的。作为女性，在这个瞬息万变的时代里，一定要笃定地做自己，不要总是人云亦云，也不要盲目地跟随别人的评价，就改变自己。记住，每个人最大的成功就是做好自己。

相传在两千多年前，燕国有个少年听说邯郸人走路的姿势非常好看，于是就去邯郸学习走路。到了邯郸之后，他果然见识到邯郸人走路时优美的姿态，老人走路非常稳重，孩子走路活泼轻快，男子走路虎虎生风，女性走路摇曳生姿。为此，少年决定留在邯郸学习走路。然而，他不管多么努力都无法走好，感到非常郁闷，最终把自己原本走路的方式忘记了。他想要回到燕国，却不会走路，只好爬着回到燕国，遭到众人的耻笑。

说起邯郸学步的故事，很多人都会感到好笑。实际上，现实生活中经常发生与邯郸学步类似的事情，也有很多人为了模仿他人的成功人生而不知不觉间迷失自我，招人笑话，却毫不知情。尤其是作为女性，对于人生一定要有自己的理想和志向，在成长和发展的道路上也要坚持自己的方向，这样才能不忘初心，方得始终。否则，在模仿之后不能变成他人，却因为东施效颦而遭到他人的耻笑，岂不是自取其辱吗?

在这个世界上，大多数人都是小人物，虽然没有大富大贵的人生，却可以有独属于自己的精彩。所以作为女性，我们要活出属于自己的精彩，也要更加全力以赴，才能实现人生的价值。每个人的生命分量，都是由于自己决定的，活出自己，才是最大的成功。如果一个人连做好自己都没有信心和勇气，那还有可能做好什么事情呢？作为女孩，不要抱怨自己没有美丽的容颜，没有高挑的身材，没有白皙的皮肤，要知道，命运总是公平的，你一定有着连自己都没有发现的优势和长处。耐心地对待自己，认真发掘出自己的无穷潜力，你会发现人生原本可以这么精彩。

记住，在这个世界上，一定有人比你更加优秀，而且比你更加努力。所以你要做的不是改变自己，而是要根据自身的优势和长处，拼尽全力去发展自己。哪怕遭遇失败，也不要懊丧，因为你为了做自己而努力，也知道如何才能成就和遇见更好的自己，这就是最大的收获。

第04章 可以不成功，但是不能不成长

在这个世界上，没有人有资格逼着你必须到达怎样的成功巅峰，这是因为每个人的天赋和所长都是不同的。但是作为你自己，一定要在努力的过程中继续成长，因为生而无涯，人生的进步是永无止境的，所以每个人都必须非常努力奔向成功，也要全力以赴给予成功更多的体验，才能真正地获得成功。成长，是每个人都应该坚持的姿态，就像一株植物始终向着光的方向去努力一样。

生活不止苟且，还有诗和远方

说起生活柴米油盐、衣食住行的琐碎，总有些女性朋友感到抓狂，她们觉得自己的人生似乎都葬送在烟熏火燎的气息之中，不知道如何才能活得如同不落凡尘的仙子那样。有人说，女人是水做的，所以很多女人心底里都希望自己纤尘不染，也希望自己的生活光亮如镜。然而，理想总是丰满的，现实总是残酷的，很多女性朋友不得不向着现实妥协，为了所爱的人洗手作羹汤，也为了维持家庭生活的正常运转，而继续努力地奔忙。当她们满面尘灰烟火色地抬起头来，却发现身边有些女性也是一日三餐，却

活得风生水起，这是为什么呢？

那些过着俗世的生活，却有着不染纤尘的心灵的女子，都信奉一条人生原则——生活不止苟且，还有诗和远方。的确，哪怕生活再忙碌，日子再艰难，她们也从来不向命运妥协。在逃亡在外的几年时间里，林徽因这个大家闺秀，可算是吃足了生活的苦头，但是哪怕住在临时搭建的房子里，她也把住处收拾得非常干净爽利，让人一眼看去就感受到她对于生活的希望和从不妥协的精神与情趣。

当然，当生活过分残酷的时候，我们也是要学会妥协的。例如晚饭吃什么、去超市里要尽量减少采购的东西，节省开支，住得也可以艰苦一些，这些关于生活表象的事情，是可以适度妥协的。但是，从内心深处来讲，却不能对着残酷的现实低头和妥协，任何时候，精气神总是要有的。例如，即使生活再难，也可以从路边采摘一束野花，将其插在废弃的瓶子里，摆放在餐桌上，感受秀色可餐。再如，还可以保持学习的精神，时刻都充实自己的心灵，让自己心中有底气。只有心中有诗和远方的女子，才能活出生活的气质来，也才能擦拭去满脸的尘土，清爽地面对这个世界。

不得不说，徐志摩尽管是个才子，但是却是个用情不专的浪荡子。他在爱上林徽因之后，虽然被林徽因拒绝，却还是义无反顾地和结发妻子张幼仪离婚。他离开的方式足以让一个普通的女人憎恨他一生，他毅然绝情地离开了怀有身孕的张幼仪，把张幼仪独自留在人生地不熟的欧洲。张幼仪实在没有办法生存，只好求助正在巴黎访学的哥哥。哥哥让张幼仪去法国，并且把张幼仪安排在朋友的家里暂居。正是在这段时间里，张幼仪带着对徐志摩的抱怨，开始反省自己。她最终意识到，自己的确不如新时代的女子那样更加思想开明，观念先进，为此她决定不再返回徐家，而是依靠自己独立生存下去。后来，大腹便便的张幼仪跟随小弟弟一起去了德国，并且在德国生下了二儿子。正在此时，徐志摩的离婚协议书也寄到了德国。对于普通的女性而言，这简直是致命的打击，徐志摩是该有多么狠心和薄情寡义，才会给刚刚生产的张幼仪发出离婚协议书呢？

张幼仪挺过来了，在德国，她完成了自己的蜕变，靠着徐志摩的父亲按月给她和孩子寄去的生活费，她一边抚养孩子，一边努力学习。等到带着孩子回到祖国的时候，张幼仪脱胎换骨，先是成为大学老师，后来还成为一家商业银行的副总裁。正是因为有从不对生活妥协的精神，张幼仪才能在被徐志摩抛弃之后完成如此华丽的蜕变，也彻底掀开了人生的新篇章！

生活，总会有不如意的事情发生，哪怕在最需要丈夫的时刻被丈夫抛弃，哪怕在举目无亲的异地他乡没有依靠，张幼仪也可以坚强地生下孩子，还忍受着悲痛反思自己，最终顽强地站立起来，活出独属于自己的精彩人生！每一个女子都要有张幼仪这样的精神，才能在任何情况下都傲然活出自己的尊严。

你可曾奋不顾身地拼搏过

玉姣是一个不折不扣的乖乖女，从小就很听话，按照父母为她安排好的一切去生活，做好父母要求她做的一切，努力达到父母对她的要求。就这样，虽然已经大学毕业，玉姣的生活还是波澜不惊。因为父母不允许她在大学时代谈恋爱，所以她就非常听话，拒绝了好几个追求她的男孩儿。但是在开始工作之后，玉姣突然对父母安排好的公务员工作心生厌倦，她再也不想每天按部就班地去生活，而是急迫地想要改变。

在这样的心态下，玉姣决定辞掉公务员的工作，去南方打工。父母当然是极力反对的，但是玉姣这次的表现让父母很惊讶，她几乎下定决心排除万难也要出去闯荡。最终，玉姣在父母不知情的情况下辞掉工作，背起行囊踏上了去南方的列车，快到南方的时候，她才给父母回了电话，告诉父母她主意已定。初到南方，看着大城市里的车水马龙，玉姣两眼一抹黑，谁也不认识，为此吃足了苦头。但是她发誓不管遇到怎样的困难都决不放弃，也不会妥协。经过一年的打拼，玉姣才终于稳定下来。春节回到家里，父母告诉玉姣要是太辛苦了就回家，玉姣对父母说：

“我不但要自己留在大城市，还要把你们也接到大城市里享福呢！”就这样，玉姣带着梦想，奋不顾身地拼搏，五年之后，她找到了人生的另一半，在大城市里有了一个安稳的家，果然把父母接到身边来一起享受天伦之乐。

如果你对自己现在的生活不满意，那么不如问问自己：我可曾为了梦想和理想而奋不顾身地拼搏过？如果答案是否定的，那么就不要继续这样沉沦下去了，而是要趁着年轻疯狂一次。正如人们常说的，年轻就是最大的资本，如果不能趁着年轻的时候勇敢地追逐梦想，那么等到青春不在，就只能后悔。其实，所谓的拼搏不仅仅在于事业方面，也包括爱情，包括为人生做出很多其他的决定。即使作为女人，也要有豁得出去的勇气。

很多人活着，只是在度过余生，他们一切都追求稳，而忽视了成长和发展。真正有气魄有胆识的女性，巾帼不让须眉，她们为了实现梦想，获得成功，往往会做出破釜沉舟的决定，也拥有斩钉截铁的勇气。未来已来，我们必须迎头赶上，否则一味地退缩和胆怯，成功怎么可能会砸到我们的身上呢？

大多数女性都习惯于安逸的生活，哪怕想要突破和挑战自己，她们也会想好退路。殊不知，正是因为这种前怕狼、后怕虎的想法，她们才会在成长过程中失去冲劲儿和闯劲儿。有的时候，真的要把自己逼到危崖，我们才会激发出所有的潜能和力量，也才会奋不顾身地把自己置之死地而后生。

生活就是这样不好也不坏

很多人对于生活期望过高，为此在与生活过招的过程中难免心生失望，觉得自己的人生总是这样被动，也常常为此陷入生活的困顿之中，不知道如何摆脱。也有的人对于生活的期望太低，在得到命运的小小馈赠时就欣喜若狂，喜出望外，最终却因为得意忘形而让自己失去了原本的优势，反而从优先变成了落后。实际上，对于生活，我们应该怀着坦然的态度，要知道生活既不会更好，也不会更坏，至于命运所安排的一切，则都是对我们最好的赐予。

作为一个普通而又平凡的女子，要想在生活中有更好的成长，就一定要悦纳生活。每个人在漫长的生命历程中，都不可能始终顺遂如意，也不会一直都充满坎坷挫折，面对生活的节奏跌宕起伏，我们要调整好自己的心态，勇敢地去面对和接纳生活的挑战，才能活出属于自己的精彩。尤其是在感到生活困顿、命运多舛的时候，一定不要抱怨。抱怨除了把自己的心情变得更加糟糕，也在无所作为中使得事情更加被动和棘手之外，根本没有其他任何好处。明智的女性朋友们能够主动调整心态，从而让自己以积极主动的态度去接纳命运赐予的一切，也许就会进入“山重水复疑无路，柳暗花明又一村”的人生圣境。

曾经有伟大的哲学家提出“存在即合理”的理论，也有哲学家提出“要活在当下”，这些哲理名言都在劝谏我们要摆正心态接纳命运赐予的一切，不要总是犹豫纠结，更不要因此而错失良机。普希金曾经在一首诗里写过，假如生活欺骗了你，不要悲伤，不要心急，忧郁的日子里需要镇静。的确，面对已经糟糕得如同一团乱麻的生活，一味地抱怨又有什么用呢？非但不会使生活变得更好，反而会使生活变得更加糟糕。所以面对生活的坎坷和不如意，内心从容的女性依然会在脸上绽放出恬然的微笑，这样她们才能戒骄戒躁，过好人生的每一天，也会守得云开见月明。

著名作家冰心就是一个从不抱怨生活的睿智女性。在“文化大革命”的时候，她的老伴被划为右派，全家八口人被分别送到八个不同的地方，天各一方。对于这样的命运，冰心从未有过任何不满，而是坦然接受。正是因为拥有这样随遇而安的心态，所以冰心才说“生命，从八十岁开始”。由此不难看出，冰心的内心始终是豁达和从容的。冰心在一生之中身边围绕着很多的朋友，例如巴金先生，就曾经说冰心是他人生道路上的明灯。

现代社会，有太多人对于生活怨声载道，他们不但抱怨真正糟糕的生活，也抱怨原本还说得过去的生活，当然，这也并非因为他们总是胡搅蛮缠，而是因为每个人在生活光鲜亮丽的表象背后都隐藏着一地鸡毛。然而，生活无论多么艰难，都终究要认真踏实地过下去，一个人只要活着，就必须面对命运赐予的一切，无处逃匿。

正如王尔德所说的，每个人都生活在阴沟里，但是依然还有人抬起头仰望璀璨的星空。曾经有个女人追随新婚的丈夫去了沙漠里生活，才去沙漠没多久，丈夫就率领部队深入沙漠腹地进行训练。她非常苦闷，一则听不懂当地人的语言，二则沙漠里那么炎热，孤独寂寞也让人无法忍受。最终，她写信给自己的父母，告诉父母她再也无法忍受，一定要离开沙漠。很快，她就接到了父亲的回信："两个人同时身陷囚牢，一个人总是低头，只能从窗户看到泥土，而另一个人总是仰起头，始终都能看到璀璨的星空。"父亲的信让她豁然开朗。此后，她深入学习当地人的语言，与当地人相处得非常好，还经常得到当地人馈赠的礼物。她还开始研究沙漠里的各种动植物，了解它们的生活习性。等到离开沙漠之后，她将在沙漠里的生活写成了一本书，并且这本书成为了畅销书。

父亲说地很对，从窗户望出去，你是看到一成不变的泥土，还是看到璀璨夺目的星空，其实取决于你的视角和心态。积极的女人从生活中看到更多的希望，即使身处绝境也能看到契机，而消极的女人从生活中看到的只有悲观和绝望，即使身处不错的境遇也总是怨声载道，内心充满负能量。要想拥有积极乐观人生，要想得到生活的笑脸相对，我们首先要调整好自己的心态，改变自己面对人生的态度。

悦纳自己，遇见更美好的自己

常言道，金无足赤，人无完人。在这个世界上，每个人都会有很多的瑕疵存在，真正完美的人根本没有。认清楚这个道理后，我们既不要苛责别人，也不要苛责自己，而是应该悦纳自己，坦然接纳自己的优势与劣势，从容做到扬长避短、取长补短，从而遇见更加美好的自己。

很多女性都会羡慕其他女性的完美无瑕，她们不知道的是，其他女性也会有对自己不满意的时候，也会为此而感到苦恼和忧愁。所谓白天不懂夜的黑，你不是别人，就无法真正做到了解别人的想法，或者设身处地地为别人着想。当你对着镜子抱怨自己满脸青春痘的时候，你应该庆幸自己还年轻；当你抱怨自己的记忆力不够好的时候，你应该庆幸自己很健忘，所以从来不会记得烦恼忧愁；当你抱怨自己的身材不够挺拔的时候，你应该庆幸自己很容易找到一个喜欢自己小鸟依人的男友；当你抱怨父母从未为自己提供优裕的生活环境时，你应该庆幸自己有足够的力量去奋力拼搏……很多事情，都要采取辩证唯物主义的眼光去看，因为事情总是既有好的一面，也有不好的一面，而积极的人看到好的一面，消极的人看到不好的一面。

要想拥有从容的人生，女性就一定要更加努力地接纳自己，悦纳自己。试想，如果在这个世界上连你自己都不愿意接纳自己，认可自己，你还能得到谁的认可和赞许呢？所以当你梦想着得到全世界的爱，你就一定要首先爱自己。

作为央视的第一代一姐，倪萍曾经完美的形象迄今依然在很多人的心中难以磨灭。甚至有人说，后来的周涛、董卿，全都不如倪萍那么优秀。由此可见，倪萍在几代人的心中都占有至关重要的位置。在《朗读者》栏目中，董卿请来了倪萍，也和倪萍惺惺相惜，彼此都很认可对方。然而，看着曾经光鲜亮丽、如今老态龙钟的倪萍，很多观众纷纷表示无法接受。在他们的记忆中，倪萍那么美好，为何如今却如此老态龙钟呢？现在的倪萍发福严重，再也没有了昔日的美好形象，但是她并不掩饰自己的老去，而是一上台就自称“倪大妈”，这样真实不做作的态度，也让很多观众都对倪萍更加喜爱。

对于一个强大的女性而言，虚伪地掩饰自己是不可取的，因为在这个世界上，最美丽的永远只有真相。哪怕面对自己的容颜老去，青春不在，也不要试图掩盖。现在的娱乐圈里，有很多女明星在青春正好的年纪里风光无限，等到青春悄然流逝，她们也就开始了与衰老奋斗的过程。她们想出各种各样的方式对抗衰老，打玻尿酸，整容，甚至还会故意穿着粉嫩的衣服假扮少女。不得不说，看着这些已经显出老态却很僵硬的脸，是让人感到更难过的。生命有自然的规律，作为女性，为何不能优雅地老去呢？人人都想当不老女神，真正能够成为不老女神的，是那些悦纳自己、尊重生命的人。对于人生，的确要追求完美，却不要苛求完美。从容地接受命运的恩赐，对于一个从容淡然的女性而言，才是更加重要的。

太冷了，就自己给自己取暖

在一首歌里，有着令人快乐的旋律："如果感到快乐你就拍拍手，如果感到快乐你就跺跺脚……"每当听到这首歌，我们的心总是情不自禁跟随着欢快的旋律荡漾，也会忍不住想要真的去拍拍手，跺跺脚。这样自娱自乐的精神，对于人生是必不可少的，也会给人生的枯燥乏味，带来很多的乐趣。

常言道，人生不如意十之八九，大多数人在人生之中都不可能完全顺遂如意，更不可能凡事都十全十美。因而要想更好地面对人生，就要学会给自己取暖，学会平衡自己的内心。还记得在记忆中的寒冷冬日里，我们总是冻得鼻头通红，连眉毛都要结出冰碴子来。这个时候，总会情不自禁地把手插到自己的裤兜里，也总是会把两只手放在一起揉搓。渐渐地，手就温暖起来，内心也得到了极大的满足。用左手温暖右手，用摩擦产生热量温暖自己的手，甚至还可以找个温暖的地方把手藏起来，这都是给自己取暖的好方式。

很多人抱怨命运太过于冷酷无情了，实际上，这样的冷酷恰恰会给人生以更好的方式去成长。“生于忧患，死于安乐”告诉我们只有在不那么安逸的环境里，我们才能更加积极主动地面对生活，也才会想方设法地改变生活。作为现代女性，我们要想获得更好的成长，获得快乐和积极的动力，不仅要有高智商，还要有高情商，这样才能更加领悟到人生的真谛。

在鲁迅笔下，很多人都认识了阿Q。尽管在当时特殊的时代背景下，阿Q精神是不被推崇的，但是在如今的紧张生活中，当人生的弦绷得太紧，适度用阿Q精神来放松，获得心理上的平衡，也是很有必要的。从本质上而言，阿Q精神是妥协和放弃，但是其实在放弃之前，阿Q精神要求人们对于现实必须有理性的认知。所以在压力山大的现实社会，阿Q精神反而能够帮助人们减轻压力，平衡内心。

在生了孩子之后，原本身材匀称的子陌胖了有二十斤。有一次，她听到人们说骑马是一项体力消耗很大的运动，也特别有利于减肥，为此她就报名参加了骑马训练班。虽然一开始学习骑马非常辛苦，而且常常会有小小的危险发生，但是子陌却一直坚持去参加骑马训练，从未有过任何一次缺席。渐渐地，教练都对胖乎乎的子陌印象深刻，说子陌是整个训练班里最积极的学员。然而，勤奋未必能换来好的结果，一个月过去，子陌一点儿都没有瘦，反而身上很多部位的脂肪都变成了肌肉，而子陌经常骑着训练的那匹马，居然瘦了十斤。子陌回到家里，乐不可支地把这件事情讲给丈夫听，并且对丈夫说：“我的胖已经到达了新境界，没有把自己累瘦，却把马儿累瘦了，真是子陌骑马马不支啊！”听了子陌的自嘲，丈夫也哈哈大笑起来，说：“我的肥婆简直天下第一厉害！”

很多女人在生了孩子之后都为减肥的事情感到烦恼，也常常因为越减越肥而懊丧，但是子陌的话却很好地消除了自己减肥失败的尴尬，最重要的是，她还赢得了丈夫的喜爱和尊重。所以说，女性如果能把阿Q精神运用得恰到好处，就能让自己的内心保持平衡，也能让自己得到安慰，减轻压力。也可以说，阿Q精神就是女性自我取暖的方式之一，只要适度运用，就会对女性维持身心健康起到很大的好处。

繁花似锦未必需要轰轰烈烈

命运从来不会亏待任何一个人，在为一个人关上一扇门的同时，它一定还会给这个人打开一扇窗。所以对于命运偶然的不如意，不要过度焦虑，而是应该给予命运更多的宽容，耐心地等待着命运的花开。遗憾的是，很多女性朋友的心都很焦虑不安，也常常会陷入无端的紧张恐惧之中，为那些还没有发生的事情担忧。成功学大师卡耐基曾经说过，每个人所担忧的事情往往不会发生，所以最重要的在于保持平和的心态。换个角度来说，如果某件事情注定要发生，一味地忧愁焦虑并不能起到作用，反而会使事情变得更加糟糕。所以作为女性一定要心境坦然，这样才能在安静的天地里拥有繁花似锦的生活。

春有百花秋有月，夏有凉风冬有雪，这就是人生的好时节。一个人心中有什么，他的眼睛里就会看到什么。所以与其抱怨生活过于平淡，还不如调整好心态，让自己积极乐观地面对人生，这样才能发现生活的真善美，也才能感受到生活的激情与热情，以及心跳的感觉。

从本质上而言，热闹很容易找到，但是内心的安静平和却是需要很努力地修炼才能达到的境界。安静的人，都是内心收敛的人，在人生的历程中，他们哪怕经历风霜雨雪，也从来不会因为外部环境的改变而让自己心绪不宁。安静的人，也拥有纯洁的心灵，他们不管是对于生活的惊喜还是惊吓，都从来不会迷失自我。

在《一百岁感言》中，杨绛先生曾经写道，“我和谁都不争，我和谁争都不屑。简朴的生活、高贵的灵魂是人生至高的境界”。也许正是因为有了这样的心境，杨绛先生才能从容地活过一百岁，也才能在百岁的时候依然保持着内心的宁静与安然。

遗憾的是，在现实生活中，太多的人都很容易被物质牵绊，他们在过度关注物质的同时，忽略了内心的感受，也忽略了人生最终的目标。古人云，不以物喜，不以己悲。他们则恰恰相反，总是因为物质而欢喜，也总是因为自己的情绪跌宕起伏而变得大喜大悲。

要做一个内心平和的女子，有知足的快乐，有感恩的豁达，也有淡然的从容。每个人为了活着，所需要的客观外部条件其实很简单，只要心变得简单，人生也就会变得安然。宠辱不惊，闲看庭前花开花落；去留无意，漫随天外云卷云舒。只有做到这样的安然，才能更加坦然从容，才能在人生的道路上走出一地的落花缤纷。记住，真正的繁华过后，未必是落寞，也有可能是安静寂寥的意味深长。真正的从容淡泊，未必是要靠着虚伪去假扮出来的，而有可能是人生最本身的色彩。走到人生的终点，如果有幸获得顿悟，你会发现只有安静之中才会蕴藏着人生真正的繁华，这样的繁华永不落幕。

正是绝望的过去，才让你今天满怀欣喜

上课铃响起，教授拿着一杯牛奶来到教室里。学生们很纳闷：难道教授没有吃早饭，所以把早饭带到教室里来吃吗？正在学生们纷纷揣测的时候，教授突然把放在讲台边缘的牛奶打翻在

地，学生们马上感慨唏嘘，“教授没饭吃了”“牛奶被打翻了，这可怎么办”“这节课大概没法正常上了吧”……教授听着学生们的窃窃私语，转身在黑板上写下几个字：不要为打翻的牛奶哭泣！看着这句话，学生们全都陷入了沉思。

不要为打翻的牛奶哭泣，因为当你沉浸在已经成为历史、无法改变的过去中无法自拔的时候，很多新的机会就会悄然溜走。任何时候，对于已经逝去的昨天，可以反思和总结，但是目的不是缅怀，而是为了避免犯同样的错误，更不是懊丧，否则就会连正在面对的好机会都错过。有人说，人生有三天的时间，昨天、今天和明天。昨天已经失去，变成不可改变的历史；明天还未到来，还是不可把握的。对于每个人来说，真正能够操控的只有今天。今天过去，就成为昨天；明日到来，就成为今天。正因为如此，哲学家才提出活在当下的生命理论。因为只有活好每一个今天，我们才有充实的、无怨无悔的昨天，才能拥有美好的、值得期待的明天。只有活好今天，人生才是值得期待的，也才会带给我们意外的惊喜。

现实生活中，有太多人都沉浸在曾经的繁华之中无法脱身，所谓好汉不提当年勇，正是在告诫这样的人不要总是活在过去，不要永远依靠着曾经的荣光去生活。也有太多的人为昨日的遗憾而感到懊丧不已，但是懊丧的结果是错过了今日，又多了一个令人遗憾的昨日。所以明智的人不管昨日怎样，既然昨日已去，他们当机立断去做好的就是抓住今天，努力过好今日。

人生是一场未知的旅程，没有任何人可以预知人生的风景和前程，甚至连目的地都不知道在哪里。在人生的场合中，时光总是匆匆而过，我们不要再为昨日的遗憾而流泪，要为了今日的充实而努力打拼。面对昨日的伤痛，一定要学会遗忘，就像一株向日葵那样，永远向着阳光，这样才能感受阳光的温暖，得到充足的生长。

每个人都有属于自己的人生，最重要的是不抱怨，不放弃。尤其是女人，一定要对人生怀有好的心态，才能从容地接纳命运赐予的一切。稻田和夫曾经说过，每个人的人生道路，都是由他们的心描绘出来的。为此不管在人生中处于怎样的境遇之中，都要摒弃消极悲观的思想，让自己的心充满阳光。作为女人，要当一株向日葵，始终向着阳光的方向，才能迸发出人生的力量。当心情郁郁寡欢的时候，不如调整自己的心态，让自己感受到来自内心的温暖。记住，当你心中充满阳光，你的人生就会充满阳光；当你心中充满美好，你所看到的就尽是美好！

把压力转化为动力，保持好心情

人都有趋利避害的本能，所以很多女人都会本能地惧怕压力。现代社会，有很多年轻的女性希望自己能够找到一个高富帅的人生伴侣，实际上也就是想逃避在人生中不得不努力打拼的日子。然而，压力与人生总是如影随形，在人生的道路上，每个人都会遇到各种不如意，也常常为此而沮丧、绝望，不知道如何寻找人生的去路。其实，对于人生而言，压力的存在是常态，唯有把压力转化为动力，才能始终保持愉悦的心情，也才能与压力共存。

心理学家经过研究发现，在压力的状态下，人体内会分泌大量的肾上腺素。在肾上腺素的作用下，人会迸发出力量，让自己始终处于积极的状态。从这个意义上来说，压力对于人所起到的作用是积极的。有些心理素质很好的学生，因为在考试的时候感受到压力，反而考取了很好的成绩，而且对于平日里掌握不够熟练的知识点，也觉得茅塞顿开，得到更好的解答。而那些心理素质不够好的学生，在强大的压力下，常常会感到头脑中一片空白，所以考试的时候把原本会做的题目都做错了，也就不难理解。实际上，这些考试怯场的孩子，就是需要掌握把压力转化为动力的技巧，才能时刻保持良好愉悦的心情，才能最大限度激发自身的潜能，让自己有更好的表现。

在现实的生活中，每个人都与压力如影随形。不但学生在面对考试的检验时有压力，等到他们结束学习，真正进入社会，就会发现压力非但没有随着学业结束而减少，反而随着工作开始而变得更大。既然压力无法逃避，不如就采取积极面对的方式，与压力对峙，或者勇敢地驾驭压力。总而言之，任何时候都不要把压力当成是阻力。如果失去压力的激励，人由于自身的主动性是有限的，常常会陷入慵懒倦怠的状态，也会导致自身的沉沦和懈怠。休谟曾经说过，每个人唯有在感受到压力的时候，才能迸发出积极的力量，所以说逆境反而比顺境更有利于人的成长。

海伦创作的《假如给我三天光明》，激励了很多身体残疾的人在人生的困境之中勇敢地站起来。海伦在一岁多的时候，因为一场猩红热，而失去了视力、听力，也不能说话。从此之后，她生活在无声无色无光的世界里。然而，在家庭教师的帮助下，她非常勤奋努力，始终在与命运抗争，最终不但完成了大学学业，而且还创作了举世闻名的著作《假如给我三天光明》。如果不是命运的逆境，海伦也许会和很多普通人一样度过一生，那么她的人生也就会变得平庸。

很多时候，只要我们自己足够坚强，就可以把绝境转变为充满生机的境遇，让自己从绝境中脱颖而出，从而成为战胜命运的强者。相比起顺境，在逆境之中，更容易激发出人生的无限潜能，也会让人鼓起信心和勇气砥砺前行。因而当遭遇人生困境的时候，不要抱怨，只有坚定不移地站起来，从容地面对人生，才能找到战胜挫折和磨难的好办法，也才能真正地给予人生更多创造奇迹的可能性。

生活中总有些小确幸

追求幸福，是每个女人的终极目标，不管是能干的女强人，还是柔情似水的小女人，都在渴望着获得梦寐以求的幸福。然而，幸福到底是什么呢？幸福到底在哪里呢？对此，仁者见仁，智者见智，并没有人能给出统一的回答。这是因为每个人对于幸福的理解都是不同的，有的人想要的幸福很微小，有的人想要的幸福很博大，有的人想要的幸福只关乎感情，有的人想要的幸福关系到金钱物质甚至是权势。所以幸福归根结底是不同的人在追求人生目标的过程中为自己界定的标准，也是每个人对于命运赐予自己的人生所产生的一种感受。幸福既是一种心境，也是一种人生的态度，既是一种对于生命的感悟，也是一种品味生命的艺术。作为一个追求幸福的女人，一定不要因为眼睛始终看着远方，就忽略了身边的小确幸。在生命的历程中，能够真正得到人生大幸的女人很少，而那些从生活的小确幸中感受幸福滋味的女人，则每时每刻都在感受着生命的欣喜。

很多女性朋友都羡慕光鲜亮丽的明星，而对于自己在普通日子里唾手可得的幸福丝毫不放在心上。实际上，幸福并没有统一的衡量标准，当你内心觉得幸福，你就算是真正获得了幸福。在夏日里凉风习习的夜晚，和所爱的人携手并肩而行就是幸福；在经过烟熏火燎做好饭菜之后，看着孩子贪婪地、津津有味地吃饭，就是幸福。幸福就是在阳光温暖的日子里可以晒太阳，就是在阴雨连绵的日子里可以躺在被窝里看小说，看电视，听音乐。幸福，也是一家人围坐在一起吃热气蒸腾的火锅，辣得忍不住吐出舌头，又赶紧喝一口冰镇的汽水。幸福还是一家人吃一碗面，在推搡之中都想让对方多吃一点的小心思。幸福是如此琐碎，触手可及，幸福又是那么宏大，遥不可及。

不管何时，都要做一个内心温暖且善于感恩的女人，这样才能随时捕捉生活中的小确幸，才能更加深刻地感受到生命的温度。幸福就是你在笑，他在闹；幸福就是在暗夜里为你点亮的那盏灯。不要奢望着在未来得到多大的幸福，也不要奢望着幸福有一天会从天而降，因为当你不能抓住和感受到到手的幸福，你就不可能得到幸福的青睐。

第05章 信手拈来的从容，都源于自身的强大实力

看着那些职场白骨精在工作的时候从容自如的姿态，很多女性都非常羡慕，总觉得她们有着独特的魅力。其实，看起来气定神闲，却又在工作上呼风唤雨的女性，往往是实力强大的，也正因为心里对自己有底，所以她们才会有超级气场，能够驾驭所有事。但是，这些从容并非是与生俱来的，而是要在成长的过程中不断地提升和完善自我，也要通过一次又一次地犯错或者失误而反省自己，才能得到的。所以不要羡慕别人的淡定从容，而是要当机立断努力奋斗，从而才能让自己成为真正的人生强者。

安全感只能自己给自己

在寻找人生伴侣的时候，很多女性都会提到的必备条件之一就是安全感。由此可见，女性对于安全感是看得非常重要的，所以她们才会想方设法寻求安全感。安全感的获得，可以通过很多渠道进行，而人生中最不可或缺的安全感，一定是自己给自己的。遗憾的是，有很多女性尽管追求安全感，对于安全感却并没有正确的认知。她们误以为有钱、有权，就能有安全感，为此在寻找人生伴侣的时候，都会提出要求对方必须有房子，有车子，

也要有收入不错的工作。然而，即便对方都达到了你的条件，你就一定能够获得安全感吗？常言道，至亲至疏夫妻，夫妻关系是世界上最坚固同时也是最松散的关系，所以女性任何时候都不要把安全感寄托在另一半身上。

爱情，是世界上最变化莫测的。也许前一刻相爱的人还如胶似漆，后一刻就已经分道扬镳；也许前一刻还可以为对方付出生命，后一刻就反目成仇，恨不得要了对方的命。所以，可以对爱情全身心投入，却不要把安全感寄托在爱情上。唯有配得上你所爱的人，你才能得到对方真挚的爱，否则当你如同凌霄花一样攀援在对方身上，如何才能够以树的形象与对方比肩而立呢？

真正的安全感，只有自己才能给自己。著名的作家毕淑敏也曾经说过，当一个人拥有安全感，它就会像恒星一样持续发出光和热，给自己和他人带来温暖和光芒，也为这个世界贡献出一份温暖和光明。如果你能当恒星，为何要当卫星呢？当你自己有光和热，你还需要反射恒星的光和热吗？

人生从来都是漫长而又艰难的旅程，最重要的不是看到怎样的风景，而是你拥有怎样的心态。除了父母，没有人会永远对我们好，所以我们所要做的就是努力提升自己，让自己配得上别人的优秀，配得上别人的好。你若盛开，清风自来。当你绽放自己的芬芳，蝴蝶不需要你去招徕，就会翩然起舞地飞到你的身边。所以在很多人生犹豫和纠结的状态之中，最重要的不是抱怨外界的环境，也不是急于改变那些无法改变的一切，而是要更加坚定不移地强大自己，这样才能让自己拥有与世界对视的资本。

很多缺乏安全感的女人，总是把目光停留在自己所没有的东西上，她们对于那些东西垂涎三尺，梦想着如何才能不劳而获地得到想要的一切，从而完全忽略了自身的能量和主动性，所以她们才会永远缺乏安全感。记住，人生从来没有绝境，尤其是对于那些勤奋努力、积极进取的人而言，机会就在拐弯处。只要坚持不懈地努力，只要内心充满希望和光明，一切就都会有所改观。记住，人生之中没有任何一段经历是白白经历的，也没有任何眼泪是白白流出来的。古人云，处处留心皆学问，而此时我们要说，处处留心皆成长。

专注的女人最美丽

现代社会，很多父母都望子成龙、望女成凤，却常常因为孩子在学习方面的漫不经心而感到焦虑，甚至因此而爆发亲子矛盾。孩子为何学习成绩不好呢？这是许多自认为遗传基因还不错的父母百思不得其解的问题。其实，孩子的先天条件相差无几，他们之所以在学习方面有显著的差异，就是因为他们的专注力不同。在学习上专注的孩子，总是能够在成长过程中表现出更加强大的力量，为此他们也显得更有灵性和悟性。而在学习上不够专注的孩子，则总是在成长过程中消极懈怠，或者看似努力，却无法在很多事情上表现出更高的效率，这就是因为他们缺乏专注力，或者已经养成了三心二意的坏习惯。当然，不止孩子面对学习的时候需要专注，在成人世界里，不管是男人还是女人，不管是面对生活还是工作，同样需要专注，才能有更好的表现。

很多人都特别欣赏精明强干的职场女精英，这不是因为仰慕女精英的超强能力，而是被女精英专注于工作的魅力所吸引。对于一个女人而言，有各种各样的美丽，其中专注就是一种独具魅力的美。

很多女人都因为容颜易逝而感到懊丧，总觉得美人迟暮是莫大的悲哀。的确，没有人能够对抗和抵御生命的自然规律，即使是不老的女神，在岁月的流转中，也同样会被时光摧残。但是专注的女人从来不会失去专注的美丽，因为专注无关乎年纪、容貌、穿着，也与身份、背景、家世没有关系。专注的女人有着由内而外散发出来的独特美丽，她们在做每一件事情的时候，都因为习惯而全身心投入。尤其是在工作的时候，她们严谨认真，一丝不苟，即使面对很多困难和障碍，也总是想方设法去解决问题。当解决了一个看似无解的问题之后，她们原本紧皱的眉头就会舒展开来，脸上绽放出不易觉察的笑容，这个时刻，她们简直美极了。

香港著名的影星周星驰成就了票房神话，但是，很少有人知道他在最初出道的时候，即使作为跑龙套的角色，也常常被人骂得狗血喷头。然而，周星驰并没有放弃演员的职业，而是更加勤奋敬业，始终都在专注于自己喜欢的表演事业。正因为如此，他才能实现华丽的蜕变，也才能成为票房之神、喜剧之王。

在这个世界上，从未有一蹴而就的成功，更没有天上掉馅饼的好事情，每个人要想在成长的道路上获得更大的收获，就必须要持之以恒地努力，坚持不懈地付出。作为女性，要有动若脱兔、静若处子的能力，在面对自己喜欢做的事情时，能够在喧嚣的时代里沉下心来，从容镇定地走下去。在如今的时代里，我们常说要有匠人精神，实际上当女性专注做好自己的事情时，也就具备了匠人精神。

爱尔兰伟大的诗人叶芝也曾经说过，认真的女人最美丽。的确，当一个女人忘记了自己的身份，忘记了心中无限的烦恼，而全身心投入自己所喜爱的工作时，尽管她一言不发，也会感染身边的人跟着她眉头的舒展，而和她一起进入工作的状态。在专注且认真工作的时候，女人还会具有强大的力量，她们不会随随便便就放弃，而总是拼尽全力坚持到最后一刻，也总是不遗余力把该做的事情做好。专注，让女人释放出不一样的光芒，也让女人成为真正的人生强者，爆发出震撼人心的力量。

哪有一份工作总是轻松如意

如果你没有显赫的家世和背景，也没有让人羡慕的好运气，更没有独特的天赋和才华，就注定了在人生的道路上你要付出加倍的努力，也要在现实持续的淬炼中始终坚持饱满的勇气和昂扬的斗志，你才能够让自己不落后于人，也才有可能让自己收获更多。

在这个世界上，没有哪一份工作是轻轻松松就能干好的。要想在工作上出类拔萃，即使作为富二代，你在最初进入家族企业开始工作的时候，也必须非常努力，以实力为自己代言，才能得到同事的认可，得到父母的赞赏。否则，你凭什么接受家族企业呢？当然，大多数人都不是富二代，都必须要在成长过程中更加辛苦和努力。然而，不要轻易放弃，哪怕出身贫寒的你即使非常努力，也未必能达到富二代、官二代一出生就拥有的高度，你也必须全力以赴。

人与人真的没有可比性，每个人既然走上工作岗位，就要承受与他人一样的压力。曾经，有个女孩大学毕业后成为了一名教师，因为缺乏教学经验，所以她在教学岗位上频频碰壁，也因此被校长批评得呜呜直哭。一位即将退休的老教师语重心长地告诉她："别哭了，姑娘。虽然你还很小，才刚刚踏上教师的岗位，但是没有人会因为你小就降低对你的要求。在工作的岗位上，你和我一样要被高标准严要求，要承受同样的压力。"女孩牢牢记住了老教师的谆谆教诲，从此之后，她再也不因为自己小，就要求得到特殊的照顾，而是更加努力拼搏，让自己做得更好，远远高于要求。最终，她成为了一名优秀教师，也很快被调动到重点学校教学。

面对压力，每个人都有自己的方式去对待，有的人情不自禁想要逃避，有的人知道压力与人生如影随形，所以总是会勇敢地去面对。正如人们常说的那样，困难像弹簧，你强它就弱，你弱它就强。任何时候，都不要向着压力屈服，唯有全力以赴对抗压力，想方设法把压力转化为动力，在人生的道路上，我们才能借助于压力成就更好的自己。

一个总是对压力缴械投降的人，哪怕面对小小的压力，也都会逃避，然而，人生怎么可能永远以逃避的状态度过呢？一个总是敢于直面压力的人，哪怕在面对压力的时候不能做到最好，也从来不会轻易放弃努力。正因为如此，人们才说有压力才有动力。也曾经有位名人指出，一个人之所以能在工作上有特别出色的表现，就是因为他们承受住了压力。所谓承受住了压力，指的是在压力的状态下，没有被压力压垮，反而能够始终顶住压力，也能够勇敢地战胜人生中的各种困难。

作为女性，你要想拥有与众不同、出类拔萃的人生，那么，你就要做好承受住压力的准备。记住，在压力面前，你的承受能力有多强，你在抗压力时爆发出来的自己的力量就会有多强！

厚积薄发，才能自信从容

每个新生命在呱呱坠地的时候，都如同一张白纸一样看起来纤尘不染，一片空白。随着不断地成长，生命在不断着色。在这样不断积累的过程中，生命变得越来越厚重，而作为生命的驾驭者和主宰者的人，才可以享受厚积薄发的畅意。在现实生活中，很多人常常感受到自己的乏力，也因为人生的困顿而导致自己在面对人生的时候，总是被一张无形的网困住，无法挣脱。在这样的情况下，看着别人厚积薄发的自信从容，他们总是非常羡慕，也总是幻想着自己有这样的一天——潇洒随意，自信从容。

这个世界上从未有一蹴而就的成功，我们总是羡慕成功者人前的光鲜亮丽，而对成功者在获得成功之前的努力付出无知无觉。常言道，宝剑锋从磨砺出，梅花香自苦寒来。每一份成功都不是平白无故得来的，都是在经历千百次失败的锤炼之后才能得到的。很多女性朋友都喜欢闪闪发光的钻石，那么是否知道一颗钻石的价值取决于什么？钻石的价值，不但取决于钻石的质地，也取决于钻石打磨的工艺。一颗钻石，从愚笨的原石到璀璨夺目的钻石，总是要经历无数次的打磨。还有的女性朋友喜欢翩然起舞的蝴蝶，却不知道蝴蝶从一颗蚕蛹，到破茧成蝶，是需要漫长的过程。仔细想来，女性喜欢的东西都是恒久流传的，诸如钻石，黄金，珍珠等。提起珍珠，就不得不说起珍珠的等级分类，对于真正珍贵的珍珠来说，是需要河蚌用漫长的时间孕育砂砾，珍珠才能诞生。古人云，欲戴王冠，必承其重。每个人要想达到一定的人生高度，就必须做出相应的付出与努力。

最近浙江卫视正在热播《我就是演员》，通过演员在舞台上的表演，以及在录制节目的背后每一个演员付出的努力和坚持，我们看到演员光鲜亮丽的背后的坚持和努力。尤其是那些被作为助演请来的老演员们，例如惠英红等，都已经在演艺圈里有很深的资历，但是为了配合年轻演员参加比赛，依然非常敬业，非常努力。平日里，很多年轻的女孩总是羡慕演员的风光无限，却不知道演员的工作有多么辛苦。就算是章子怡作为导师在舞台上，也必须要小心谨慎地说出每一句点评，本着对演员负责任的态度去做好每一个小细节；就算是大导演徐峥作为导师在舞台上，也要用心发掘好的演员，观察演员在舞台上的一举一动、一言一行、一颦一笑。章子怡更是爆料，在她作为一个小演员的时候，每天在片场上非常用心地表现自已，最希望的就是能够得到导演的一句认可，哪怕只有一句话也好，但是却总是遗憾地结束一天的工作。而今天的章子怡作为国际知名影星，功成名就，有幸福的一家四口，简直是人生赢家。总而言之，每个人看似成功，实际上在成功之前都已经付出了加倍的努力，也忍受了常人不能忍受的黎明前的黑暗。记住，这个世界上从未有一蹴而就的成功，更没有天上掉馅饼的好事情。作为名人和伟人，在成功之前尚且需要付出加倍的坚信，更何况作为普通人呢？

不要羡慕别人的从容，要知道一切的从容都是厚积薄发的结果；不要羡慕别人今日的荣耀和光环，要知道一切的光环都是忍耐无边暗夜的煎熬才能够得到的。作为女性，要有一颗淡定的心，要能够忍受住外界的喧闹，也要守住内心的坚持，这样才能无所畏惧地行走人生之路，以不变应万变，以从容应付人生中各种突如其来的惊喜和惊吓。只有将人生的每一次历练当成考验，才能踩着人生的阶梯不断地向前，只有坚持不懈地进步，才能最终守得云开见月明。

千帆过尽，你看到的才是人生

曾经，有很多大名鼎鼎的哲学家都告诉我们，人要活在当下。这是因为现实生活中，有太多的人对于生活怀有保留的态度，面对今日不能全身心投入，面对昨日总是留有很多的遗憾，面对明日又感到内心忐忑，毫无把握。最终，他们不但无法改变已经成为历史的昨日，也无法面对尚未到来的明日，最终还错过了可以紧紧握在手中的今日。不得不说，这样的错过对于人生而言是莫大的遗憾，是非常令人惋惜和慨叹的。

很多女性朋友总是羡慕别人的生活，觉得别人的日子看起来是那么光鲜亮丽，似乎连一丝一毫的忧愁和烦恼都没有。不得不说，这样的理解完全是误解，这是因为每一个人都不是别人，更不可能深入地了解别人的生活。所以我们眼中别人的生活，与别人真正亲身体验的生活，未必是一码事，也一定不会完全相同。

现代社会，很多人都喜欢发朋友圈、刷朋友圈，当然，在此过程中也有很多人迷信朋友圈。尤其是到了节假日的时候，朋友圈里不但炫美食，更是炫富的地方。在节假日的朋友圈，你总是足不出户就能看到全国乃至全世界的美景，你总是能看到平日里看似不出奇的一个朋友，就去了马尔代夫。为此，猫在家里以全国各地大堵车、景点堵人的理由来勉强安慰自己的你，心中不由得感到酸涩：为什么人家就有钱去一点儿都不堵的国外的景点呢？然而，有一天你去超市大采购，想要通过充实胃的方式来充实自己空虚的心灵，却突然发现那个声称在马尔大夫的朋友正蓬头垢面、素面朝天的在超市里采购促销的水果蔬菜呢！你不由得感慨，原来现在都流行在马尔代夫炫富，回家来生活。所以一定不要被朋友圈里别人光彩的生活蒙蔽住，即使别人的炫耀是真的，你也只能淡定从容地做好自己。把别人的生活当成风景去欣赏一下即可，认真、较真真的没有必要。

人，真正能够把握在手中的，只有自己实实在在、脚踏实地的生活。任何时候，都不要因为别人的生活而影响自己的心情，别人过得好，就羡慕嫉妒一下，但是不要恨，更不要因此而搅得自己心中不得安宁。别人生活得不好，看关系远近，能帮忙的就热心地帮一下，不能帮也不要在一旁冷嘲热讽看笑话。每个人的生活都像是过山车，也许此刻在巅峰，下一刻就会到达谷底，只有怀着一颗坦然的心从容地应对，才能以不变的心境应付万变的生活，也才能参悟生活的真谛，剥开生活的表象，从容地应对人生。

记住，不管过去是繁花似锦还是萧条落寞，都已经成为不可改变的历史，你所要做的是勇敢地面对现在的生活，把握正在手中的当下。只有把每一个今天都过得充实而又精彩，你才可以有无怨无悔的昨日，也才能因为今日的努力为明日铺垫了坚实的基础，而拥有值得期待的美好明天。从现在开始，就学着享受当下的每一刻，用心去体验，用从容去面对，用积极的态度去解决，要相信你一定会拥有更加美好的人生。

学会让步，人生才能天高地阔

对于一个生活的新手而言，他们总是不愿意让步，因为他们觉得让步就是认怂，就是把自己的脑袋缩起来，肩膀高高耸起来，从而自欺欺人地误以为自己已经进行了自我保护。然而，在人生之中，一个人只有学会让步，人生才能天高地阔，否则进一步就会是万丈危崖。

细心的朋友会发现，在人生之中，越是那些生活经验丰富、充满智慧的人，反而不会总是对于小小的利益计较，也不会在与人相处的过程中表现出咄咄逼人的气势。相反，他们非常谦逊低调，也总是对人很宽容。这正是他们拥有人生大智慧，也懂得待人处事之道的表现。让步，不是怂，更不是为了成全别人而逼着自己蜷缩到墙角。让步是宽容，是气度，是教养，也是只有聪明人才能掌握的人生智慧。会让步的人，对于人生有着更大的格局，所以他们不会拘泥于小节，也不会因为一些小小的事情就与人发生争执。他们的人生天高地阔，他们的内心波澜不惊。

有的人，一辈子都活在与别人的针锋相对之中，自以为在口舌上战胜了别人，就获得了胜利。实际上，这样看似胜利，却输掉了朋友，也输掉了和谐的人际关系，甚至为后来的人际相处埋下隐患，是真正的输。有智慧的人总是谦让退步，实则是以退为进，也在谦让的过程中赢得了他人的认可和尊重，为未来的相处奠定了良好的基础，是真正的赢。要知道，人生之中真正的胜负输赢并不在当下的这一刻，而在于长久。唯有调整好心态，让自己的内心真正地走向成熟的人，才懂得与人相处的退让之道。

很多人误以为在大学毕业后走上工作的岗位，可以赚钱养活自己，就意味着独立和成熟。其实不然，真正的成熟，是懂得对他人宽容，懂得学会与人相处，也懂得安抚好自己焦虑不安的心，让自己拥有平和的情绪。尤其是对于女性而言，一味地温柔也是不够的，还要学会谦虚和让步。正如很多婚姻专家对于婚姻的解读一样，每一个在婚姻中表现睿智、成为赢家的女人，都懂得在所爱的人面前让步。正因为如此，有人说婚姻不是讲理的地方，而是讲爱和讲情的地方。

现代社会，之所以有很多职场女精英、女强人在婚姻生活中都没有得到梦寐以求的幸福，就是因为她们把在职场上的强势带入到了生活之中，在婚姻中没有摆正自己的位置。明智的女性不管是在生活中还是婚姻中，都会示弱，也会让步。因为她们知道什么是以柔克刚，也知道什么是大智若愚。

握得太紧，欲望会成为无底深渊

大文豪托尔斯泰曾经说过：一个人的欲望与他的幸福是呈反比的。也就是说一个人欲望越多，他所得到的幸福就越少；一个人欲望越少，他所得到的幸福就越多。每个人都不可能满足自己所有的欲望，这一则是因为人的能力有限，二则是因为欲望是无底的深渊。欲望之门就像多米诺骨牌一样，一旦打开一扇门，就会接二连三地打开无数扇门。所以每个人都要控制好自己的欲望，不要对人生有太多苛刻的要求，否则就会湮没在欲望的深渊里，永远也摆脱不掉欲望的束缚和禁锢。

从生命本质的角度而言，每个人为了维持生存只需要得到很少的物质条件，所以能够控制住欲望的人只需要得到很少，就会感到莫大的快乐。相比之下，那些欲望洞开的人，即使得到很多，也总是不知足，也总是贪得无厌。为此，他们紧紧握住自己的双手，想要抓住全世界，却最终遗憾地发现就连拥有的一切都如同流沙一样从双手中悄然流逝。

现代社会中，有太多的人都抱怨人生没意思，实际上并不是生活中缺少趣味，而是他们缺少感恩、感动的心。试问，当一个人对于生活失去兴致，他又怎么可能从生活中发现有趣的事情呢？吃饭没有味道，玩耍没有乐趣，就连与所爱的人在一起都不能使人感到满足，这样的欲望是无底洞，将会吞噬整个人生。

当然，欲望并非总是一无是处，如果欲望很合理，人们就可以在适度欲望的激励下更加努力进取。所以我们要做的不是消除欲望，而是把欲望控制在合理的限度内，让自己的贪心成为人生的动力源泉，而不是导致放弃人生努力的罪恶之源。有很多女性朋友还会抱怨生活的现状，盲目地羡慕他人。殊不知，在你羡慕他人的时候，他人说不定也在羡慕你呢。最重要的在于，你一定要明确自己的心，要知道自己想要什么，也要知道自己的人生应该怎样。

从现在开始，女性朋友们，不要再羡慕有女同学嫁得好，锦衣玉食当豪门太太；也不要羡慕女同事的老公有本事，可以让女同事住大别墅；更不要羡慕别人家的孩子总是那么优秀，而自己家的孩子则总是让人有操不完的心。你可知道，女同学羡慕你在家庭里有地位，凡事都是你说了算；女同事羡慕你有一个每天按时回家的丈夫；别人家的妈妈也羡慕你家的孩子爱运动，身体强壮，心理健康。正所谓白天不懂夜的黑，你在羡慕别人的同时也从来不懂别人的苦恼。既然如此，为何不过好自己的日子，把握好手掌心里的幸福呢？记住，幸福是每个人对于生活的感受和态度，只有内心满足的人，才能真正地把握幸福，享受幸福！

第二部分 2

像林徽因一样

——美丽智慧，岁月蹁跹不绰优雅

第06章 人生清苦，更要以自己喜欢的方式过一生

有人说人生漫长而又难熬，也有人说人生短暂得如同白驹过隙，每个人对于人生都有自己的理解，归根结底，人生不易，且行且珍惜。正如奥斯特洛夫斯基在《钢铁是怎样炼成的》中所说的那样，人，最宝贵的是生命，对于每个人来说，生命都只有一次机会。既然生命不可重来，为何不以自己喜欢的方式度过珍贵的一生呢？

三十岁之后，你想继续美下去吗

很多人都曾经参加过毕业十年的聚会，那么一定还记得在毕业聚会上感受到的震惊。对于每个人来说，最熟悉的陌生人就是自己，这是因为每天从镜子里看着那张过于熟悉的脸，我们总是感觉不到时光雕刻的痕迹。而当看着曾经的同窗好友在时光的变迁中有了这么大的改变，心中的不可接受简直难以言喻。再反观自己才猝然发现，原来，不是自己没有改变，而是无形中忽略了自己的改变。

三十岁之前，你的容颜是天赐的，是爹妈给的，三十岁之后，不管你是女性还是男性，你一定都想继续美下去。在这种情

况下，又要怎么做，才能保证青春永驻，容颜不老呢？当然，真正的青春永驻、容颜不老只是个神话，而我们想做的，就是让时光慢点儿走，对我们能够刀下留情。所以三十岁之后还想继续美下去的人，就要当机立断采取措施，从而才能有的放矢地改变自身的状态。

在同学聚会上，先到的同学全都在感慨岁月是把杀猪刀，同时彼此也在以发福变形的身材和如同吹气球一样的脸庞调侃打趣，当雁南走进来的时候，全场突然都安静了。仿佛时光穿梭，大家一下子被雁南的逆生长吓到，都为雁南的青春容颜而感到惊奇，同为女性的心中还有着不可名状的羡慕嫉妒恨。反应过来之后，男生赶紧去和雁南拥抱，女生则带着酸溜溜的味道对雁南说：“雁南，你可真是越活越年轻啊！”经过一番寒暄，大家消除隔阂熟悉起来，女生们都围绕在雁南身边，向雁南取经。要知道，当初上学的时候，雁南是个不折不扣的丑小鸭，在班级里根本不起眼。那么，雁南是如何脱胎换骨，成为新任班花的呢？

原来，雁南特别有毅力，在生完孩子之后立志减肥，才用了半年的时间，就恢复了生孩子之前的好身材；得知穿高跟鞋有助于修饰腿形，她就扔掉所有平底鞋，除了爬山穿运动鞋，其他任何时刻都坚持穿高跟鞋。最重要的是，雁南还利用工作之余的时间学习美容护肤和服装搭配，从而让自己即使穿着普通的衣服，也能够凸显出与众不同的气质。最重要的是，雁南还坚持节食，每天晚上都吃很少的蔬菜和水果，才能始终保持好身材和细腻的皮肤。

生活中，总有些女孩在年少的时候不知道爱美，因而成为不折不扣的丑小鸭。随着不断的成长，她们对于美的意识才得到启蒙，才开始不遗余力地追求美。然而，做任何事情都是需要付出代价的，作为已经年过三十的女性，要想保持青春的美丽，就更是要有顽强的毅力和对于美的鉴赏力。在这个世界，每一个人生活的状态都是他们努力辛苦的结果，当你选择大快朵颐地与美食相遇，当你选择宁愿赖在被窝里睡懒觉也不愿意起床锻炼，就不要抱怨爹妈没有给你挺拔的身材和美丽的容颜。

朋友圈里的“僵尸粉”

随着微信的推广，人们越来越痴迷于朋友圈，吃了什么美食、去哪里玩了，他们都会情不自禁地发到朋友圈里，求赞，求关注。然而，当你沾沾自喜、扬扬得意地把自己的最新动态发到朋友圈里，得到的也许是很多赞，也许是那些连点赞也不愿意的朋友们对你的漠视和毫不关注，当然也有可能是羡慕嫉妒恨。对于朋友圈里这些人的存在，实际上根本毫无意义。他们都是朋友圈里的僵尸粉，即使有朝一日可以走下朋友圈的神坛与你在现实生活中相遇，他们也往往不会对你真诚友善。

不可否认，有相当一部分女性都是“玻璃心”，对于那些在朋友圈里从来不给自己点赞的人，她们心有戚戚，却又不好直截了当地表达自己的不满意。为此，她们就把郁闷埋藏在心里，也在此过程中渐渐地对于那个朋友有了些不同的想法。

时代的发展，信息传播速度的加快，使得人与人之间的互动越来越频繁。如果说以前的朋友之间要想有交流，必须打电话，甚至还需要聚集在一起吃一顿，那么现在的朋友则几乎每时每刻都在一起，因为透过朋友圈就可以看到对方实时的状态。所以说，朋友圈拉近了人与人之间的距离。但是与此同时，朋友圈也让人们之间非常地疏远。原本需要见面的事情现在不需要见面了，只需要在微信上说一说就行，甚至在朋友的最新动态下面跟进一下就行。所以也有人说，朋友圈是对朋友的重新洗牌，在朋友圈的检验下，总是需要拉黑一些人，也可以对于一些人有更加亲近的感觉。

从构成的角度来看，现实生活中的朋友圈里一共有四类人存在。第一类人是关系非常亲密的亲人和朋友，这类人肯定是对你最为关注的。第二类人是关系普通的朋友，这类人只是出于维持关系的需要给你点赞。第三类人是只有点头之交、一面之缘的朋友。第四类人是与你有业务往来的人。通常情况下，第一类人和第四类人最关注你，也会积极地给你点赞，前者是因为与你亲近，后者是为了与你维持业务关系。而中间两类人，最容易忽视你，或者因为羡慕嫉妒恨而故意不给你的朋友圈点赞。

实际上，点赞在人与人的交往中是一个非常小的细节，也起到特别微妙的作用。人与人之间相处，一定要通过互动来进行，通过沟通来实现。有的时候，刻意地去找某一个人聊天，似乎显得有些故意，那么在朋友圈里，当对方发动态的时候热心地点赞，甚至发表一条评论，则一定会给他人带来淡淡的温暖。

点赞，对于不同的人有不同的作用。例如对于许久不见的老朋友，点赞让他们意识到你在关注他们；对于需要维持业务关系的人，点赞是在向对方表示友好；对于那些只有一面之缘的人，也许点赞的次数多了，你们之间就变得熟稔起来；对于关系亲密的好朋友，则点赞的时候还可以加上嬉笑怒骂的评论，让他们知道在你心中与他一直都是老铁……点赞含义深长，却也要用心去做，才能做得恰到好处。

很多朋友在发了朋友圈之后，就会去关注点赞的情况。他们满怀期待去看，如果点赞的人太少，内心必然觉得失落，如果点赞的人多，他们就会骄傲于自己的好人缘。人是群居动物，自古以来，很少有人能够离群索居地生活，在现代社会，信息的快速传递更是让原本陌生的人群变得熟悉和亲密起来。

朋友圈，实际上是一个微缩的社交圈，而点赞，则是花费成本最少的人际互动方式。人总是本能地渴望着得到更多的关注，也总是希望自己成为众人瞩目的焦点。尤其是在已经有了关系的朋友圈里，既然把一些事情公之于朋友圈，就是希望能够得到更多人的认可与赞赏。在看到一个人从来不给你点赞的时候，没有必要伤心或者失望，而是应该反思自己与他人之间的关系，确定是否自己把他人当朋友，而他人只把你当路人。当然，也有些人从来就不喜欢也不屑于点赞，对于这样的人，我们也要尊重他们的为人处世习惯。真正的友谊尽管从来不依靠点赞维护，但是那些愿意为你点赞的人，一定是关注你、在乎你，也愿意与你交好的人。

总有些爱情，与金钱无关

现代社会随着快速的发展，有很多人都陷入了对于物质和金钱的极度追捧之中。尤其是有一些女孩儿，她们不愿意努力打拼，因而总是梦想着能够钓到金龟婿，从而过上锦衣玉食、无忧无虑的生活。殊不知，这个世上从未有天上掉馅饼的好事情，也没有免费的午餐，哪怕女孩儿非常漂亮，得到了钻石王老五的喜爱，在两手空空、一无所有嫁入豪门之后，她们也未必能够生活得幸福。这是因为在不劳而获的人生中，根本无法演绎灰姑娘与王子的故事，也无法得到真正的尊重和平等的对待。

相比起这些在寻找人生伴侣时跑偏了的女孩儿，那些尊重爱情，把爱情置于至高无上地位的女孩儿，则更有资格获得幸福。她们在寻找人生伴侣的时候，从未想过要把爱情与金钱、物质联系起来，她们只想找到自己喜欢的人，也找到喜欢自己的人，然后携手并肩一起努力和打拼。人们常说巧妇难为无米之炊，实际上有情饮水饱的人生也同样充满着甘甜的味道。当爱情与金钱无关，爱情就会给人强大的力量，当两个人一起肩并肩地努力奋斗，他们就能共同成长，一起收获爱情甜美的果实。

看看如今的女孩儿们，安然觉得自己和丈夫在一起很幸福。安然与丈夫是一见钟情，彼此一见倾心，再也没有分开过。几个月后就有了爱情的结晶，也就马上举行了特别简单的婚礼。根本想都没有想过要有房子、车子，也要有一些存款才能结婚。甚至在老家的婆婆一分钱彩礼都没花，在高兴地为他们准备婚礼时，问安然：“然然啊，我给你们买个电视吧！”安然说：“不用不用，我只要一张床和一个衣柜就行，买电视浪费，我们回家举行婚礼就住三五天，不值当买电视的。”就这样，安然结婚的时候连个电视都没有，这可已经是2000年后的新时代婚礼呢！然而，安然和丈夫的感情非常好。结婚的时候，公婆给了安然600块钱改口费，安然也就高兴地拿着了。后来，安然就和丈夫一起打拼，渐渐地有了不少的积蓄，知道公婆没钱，买房的时候只是和娘家父母借了钱，没有惊动任何人。这么多年下来，安然和丈夫已经有儿有女，而且还有了两套房子，过得安心极了。

当爱情与金钱无关，爱情本身就会凸显出来，成为相爱的人之间最强的黏合剂。如今，有太多的女孩儿把爱情变了味道，似乎她们不是在找人生的伴侣，而只是在找一个经济实力方面配得上她们的结婚对象。殊不知，婚姻固然需要有物质作为基础，但是物质永远只排在第二位。在婚姻之中，在漫长的人生道路上，没有爱情，原本陌生的两个人纵然有缘分，又怎么可能携手并肩走过一辈子呢?

当然，女孩儿也不能因此就钻入牛角尖，觉得爱一个人就一定要和他同甘共苦。正如一句俗话说的，有难同当容易，有福同享难。当认识一个自以为可以托付一生的男人，女孩儿也不要总是为对方节省，因为有人说过，看一个男人是否真的爱你，就看他是否愿意为你花钱。对于那些简单直接的男人来说，这也许是最好的表达爱的方式。所以当女孩遇到一个男人，这个男人却总是斤斤计较不愿意为女孩花钱时，女孩也同样要三思而行。所以谁说爱情和金钱无关呢?爱情既要脱离金钱的世俗气，也要用金钱来作为衡量的标准，唯有摆正爱情与金钱的关系，才能看清爱情的本质。

你的人生从不取决于一场考试

每年六月，几乎有大半个中国的人都在紧张焦虑，这是因为他们不是自家有孩子在参加高考，就是亲戚朋友家有孩子在参加高考，为此每一个心系高考生的人，都会有沉重的心事。的确，在如今的高考制度下，高考成绩的好坏直接决定了孩子将会上怎样的大学，也间接决定了孩子未来会拥有怎样的工作。然而，高考固然重要，对于孩子的人生却不会起到决定性的作用，这是因为人生是漫长的，取决于很多因素的综合作用，而不仅仅取决于一场高考。所以不管是面对怎样的一场考试，我们都要放宽心，要坦然，这样才能从容地应对考试，也才能在考试中有更好的发挥。

说起高考，也有人是完全不同的态度：比尔盖茨当年从著名的大学退学，不也照旧成为世界首富吗？马云当年高考还落榜两次呢，不也创造了中国电商的传奇吗？所以高考没关系。不得不说，这样的态度也是要不得的。想当初，如果马云可以选择让自己在高考中一次通过，考取名牌大学，他一定不愿意接连上三年高三，参加三次高考。所以高考还是需要慎重对待的，考好了值得高兴，考得不好呢，也无须过分紧张和焦虑。实际上，对于高考的讨论，和对于家境的讨论一样是没有意义的。毋庸置疑，人人都想在高考中考出好成绩，人人也都想拥有好的家境，毕竟好家境可以让人有更高的起点，也可以让人少奋斗十几年。那么高考考出好成绩，我们可以在几所好学校间进行选择，这岂不是比高考失利看着好学校却去不了来得更好吗？毋庸置疑，有文化底蕴和好家境的人，他们轻轻松松就能站在比贫苦人家的孩子更高的起点上，只要努力，一定会有更大成功的可能性。而那些寒门贵子，只有自己才知道付出了多少倍的辛苦和努力，才能达到富贵人家孩子一出生就有的起点和高度。人生不能走捷径，但是也不能看着捷径不走却偏偏要绕弯路。

面对高考，我们一定要全力以赴，这样才能在高考成绩出来的时候，成功了不骄傲，失败了不气馁，也才能以高考为起点，重新开始新的人生征程。如今的时代里，几乎所有的父母都陷入教育焦虑的状态，每当意识到孩子在学习上开始掉链子，父母马上就会做出过激的反应，逼迫、督促、挟持孩子努力学习。也有的父母会采取奖励孩子的方式，以物质和金钱支撑起孩子学习的动力。殊不知，外部驱动力的作用和效果是非常短暂的，只有内部驱动力，才能让孩子调整好心态，进行积极的改变，也有的放矢地成就自我。

记住，高考只是一场考试而已，和人生中的无数次考试一样，需要我们全力以赴去面对，也需要我们学会释然。在人生的长跑中，不要因为偶尔的落后就陷入沮丧绝望的情绪之中，也不要因为一时的成功就扬扬得意自诩为天下奇才。在这个世界上，每一个人都是独一无二的生命个体，每一个人都有属于自己的、与众不同的成功。任何时候，只有顽强坚定的人，才能成功地在人生道路上翻山越岭，最终到达理想的目的地。

婚姻的底线到底在哪里

不可否认，对于大多数女人来说，婚姻都是人生至关重要的组成部分，甚至关系到女人一生的幸福。然而，每个女人对于婚姻的理解和感悟又是截然不同的，有的女人对于婚姻的要求很高，有的女人对于婚姻的要求相对较低，这也直接决定了不同的女人在婚姻中得到的幸福截然不同。

大学毕业五年聚会上，惊闻有好几个同学已经变成了离婚的单身人士，那些还继续单着甚至还没有开始恋爱的同学对此感慨唏嘘："你们这节奏也太快了，甩掉我们几条街啊！"而那些已经成为离异人士的同学们则无奈地苦笑："钱锺书先生说婚姻是围城，是对的。"的确，婚姻是围城，但是也没见人家钱锺书先生和妻子杨绛之间闹离婚什么的呀！那么，钱锺书先生是凭着什么参透婚姻的本质呢？也许就是一份洞察，一份豁达，才有了一份理解，一份包容，所以能够和杨绛先生携手走过百年。

对于婚姻，有着不同要求的女人们也有着不同的原则和底线，尤其是婚姻的底线，往往决定了她们结束婚姻的原因。其实，当婚姻真的走到尽头时，离婚的理由总是含糊其辞的，例如性格不和、感情不和等。而从本质的角度去探究，我们会发现大多数人离婚的原因，原来是一些琐碎的生活小事上的矛盾。甚至连春节去谁家过年，炒菜做饭的时候到底放不放辣椒，是否记住了结婚纪念日，都能成为离婚的导火索。这是因为大多数女人在面对婚姻的不如意时，往往会拿着放大镜放大了去看，这直接导致她们把原本无关紧要的问题无限放大，甚至上纲上线。

曾经有一个男人和一个女人彼此相爱，携手走入了婚姻。然而，日子才过了没几天，原本如胶似漆的他们就开始吵闹起来，原因说起来让人感到啼笑皆非。原来，男人是无锡人，爱吃甜味，女人是湖南人，最爱吃辣。尤其是到了吃排骨的时候，无锡的男人坚持要做成甜味的，要做成糖醋味道的，女人却坚持要做成辣味的，类似于毛氏红烧肉的味道。有一个周末，两个人就因为这道菜应该做成什么味道争执不休，女人一气之下回到娘家。听到女儿的倾诉，妈妈忍不住责怪女儿："你这个孩子啊从小骄纵任性习惯了，你喜欢吃辣味的，可以准备辣椒酱蘸着吃，你把菜都做成辣味的，让你老公怎么吃啊！"女儿思来想去，觉得妈妈说得有道理，回到了自己家里，从此之后到了女人做饭的日子，所有的菜都是甜腻的，而饭桌上则多了一小碟辣椒酱。而偶尔男人在家的时候，也会做饭，他做的饭菜都是辣味的，而饭桌上则多了一碗清水。就在这一小蝶辣椒酱和一碗清水的温暖中，他们的爱也渐渐地水乳交融了起来。

婚姻的底线到底在哪里呢？对于可以相互理解和包容的夫妻而言，婚姻无底线，一切都是为了这个家更加和谐融洽。而对于不能够彼此尊重和真心相爱的夫妻而言，哪怕是一点点不和谐，也会导致婚姻关系的破裂。有很多女性朋友认为在婚姻之中最不能忍受的就是失去忠诚，例如出轨、背叛等。实际上，有很多事情并非我们所想象的那么简单，而男人出轨的原因也多种多样。就像婚姻生病了，是治疗还是放弃，这就是女人一念之间的事情。

有人认为，维系婚姻的是彼此之间的亲情与依赖，也有人认为，维系婚姻的是相互的尊重与理解，实际上，婚姻存在的基石是爱。任何一段婚姻如果没有爱作为支撑，就无法继续保持下去。正如一位名人所说的，爸爸对孩子最好的爱，就是爱他的妈妈。由此可见，不幸的家庭各有各的不幸，而幸福的婚姻却都是相似的，那就是一家人相亲相爱，不离不弃。记住，你的爱到达哪里，婚姻的底线就在哪里。也要记住，爱，是要以尊重作为基础的，而不要卑微，更不要把自己低到尘埃里。

不奢求，才能无心插柳柳成荫

佛说，人生有七苦，生、老、病、死、爱离别、怨憎会、求不得。正是这最后一个求不得，让多少人对于人生愤愤不平，也平添了多少遗憾。现实生活中，有太多的人都在承受求不得的痛苦，有人求财而不得，有人求权而不得，有人求命而不得，也有人求爱而不得。一切的求不得，让原本阳光明媚的人生染上了灰尘的色彩，变得黯淡无光，也让人心力交瘁。实际上，求之而不得正是人生的常态，越是那些充满欲望的人，越是会陷入求不得的痛苦之中。要想让自己得到更多的满足与快乐，就要减少欲望，也要不再奢求，这样才能无心插柳柳成荫。

对于人生，我们要一如既往地努力，但是对于努力的结果，却不要过分地奢求。归根结底，人生中的很多事情都与各个方面的因素息息相关，所以并不是努力了就能做的到。例如对于很多单相思的人而言，哪怕多么努力地改变自己，调整自己，也未必能够得到所爱之人的喜欢与关注。做好自己，实际上比什么都更加重要。常言道，萝卜白菜，各有所爱，你要相信总会有人喜欢你，也总会有属于你的那盘菜。

很多人都喜欢梅艳芳，然而，梅艳芳在最好的年纪芳华绝代，却一生之中追求爱情而不得，最终身患绝症猝然离世。梅艳芳不是不想走入爱情，而只是没有遇到有缘的人。她是那么想嫁，在已经身患重病的情况下斥资千万购买珠宝首饰，只为了有朝一日成为最美丽的新娘。然而，天妒红颜，她才情绝代，却没有等到嫁人的时候就已经离开人世，想来就让人感慨唏嘘。

每个人的人生之中都有太多的求不得，要想免遭求不得的痛苦，除了降低自己的欲望，减少奢侈的索求之外，似乎没有更好的办法。很多人都喜欢看金庸的小说，是因为金庸的武侠小说不仅有打打杀杀的剑客，更有侠骨柔肠的英雄。而金庸笔下的爱情之所以如此缠绵悱恻，是因为他也对于所爱的夏梦求不得。求不得是苦，人生是苦，然而，正是因为求不得造就了人生的缺憾，人生才会显得这么真实，可以触摸，可以感同身受。

对于那些始终求不得的人和事情，不如就索性放手。对于每个人而言，一味地追求只会让自己陷入痛苦之中，而学会适时地放手，才能解放自己的内心，也才能让自己在人生的道路上渐渐地走向成熟。伟大的哲学家叔本华曾经说过，生命的本质就是一团相互纠缠着的欲望，在剪不断理还乱的过程中，人生摇摆不定。与其奢求人生处处圆满，不如坦然接受人生的不如意，也让人生留下该有的遗憾，也许这样的人生反而是真实的，也是让人深刻怀念的。

在熙熙攘攘的世界里，安静地绽放

随着时代的发展，社会的进步，几乎每个人都进入了忙忙碌碌的生活节奏中，都像是高速旋转的陀螺，不停地转来转去。

然而，在每天都步履匆匆的日子里，你可曾想到自己已经多久没有认真地看一看路边的小花，欣赏一下眼前落日的余晖了？就在2018年10月25日的早晨，曾经的春晚总导演——哈文在微博上发出一个噩耗，她的丈夫李咏在美国进行了17个月的抗癌治疗后，于凌晨走了，享年五十岁。看到这样的消息，所有人都感到震惊，李咏才那么年轻，不是才看过他的节目吗？他的音容笑貌犹在啊，怎么就去世了呢？哈文更是发文“永失我爱”。看到这四个字，同为一个妻子，一个中年的女性，一个孩子的母亲，你一定会忍不住潸然泪下。从此，漫长的人生之路，需要哈文一个人带着满心的伤痛去走过，带着对于逝者无穷无尽的思念，她要坚强地活下去，在世界的一个角落里，孤独地抚慰内心的致命创伤。

看到哈文昭告世界的“永失我爱”，让人情不自禁地想起三毛。同样是一个充满才情的女子，如同风一样自由，如同阳光一样桀骜不驯。在突然失去荷西的那一天，她如同失去魂魄一样，也觉得人生恍若一梦。对于人生，你永远也不知道意外、疾病和明天，哪一个先来。既然如此，就让我们全力以赴地活好生命的每一天，在熙熙攘攘的世界里安静地绽放，释放出属于自己的芬芳。不奢求给整个世界芳香，但也从不放弃微小的希望，就这样努力生长，就像一株小草，就像一棵蒲公英，爱自己，爱身边的一切，尽情地享受生命。

现实生活中，总有些女孩非常敏感，恨不得与全世界为敌。实际上，是她们满心的敌意把世界变成了假想敌。敏在刚刚进入单位的时候，觉得单位里的人都非常好，也很善待她，为此每天都高高兴兴的。然而，在一段时间之后，她口中曾经非常和气友好的同事们全都变了模样。例如有的同事特别小心眼，睚眦必报；有个领导总是喜欢让人加班，以折磨人为乐趣；有个同事总是爱占人便宜，自己却小肚鸡肠……总而言之，敏对于每个同事都看不顺眼。

有一天，敏和闺密见面，向闺密说起单位里的事情，闺密惊讶地说："不至于吧，怎么可能整个单位的人都这么糟糕呢？又不是一个娘生的，也不是一个家庭里出来的。是不是你太小心眼了？我可是知道的，你从上大学的时候就小心眼。"在闺密的开导下，敏说起了单位里那些不开心的事情，当她讲完，闺密说："你说的这些事情都是职场上常见的，更奇葩的你还没见过呢！我觉得是你太较真了，你宽容一些，就会更快乐。而且身边的人其实都很善良，没有你想得那么糟糕。"然而，敏还是继续以最坏的恶意揣测同伴、同事、同行，半年之后，她就选择了辞职。

一个人心中有什么，她就会看到什么。女性原本就心思很细腻，更应该让自己的心胸开阔一些，这样才能够调整好生命的节奏，也才能更加以爱与宽容拥抱身边的人。否则，总是以恶意揣测他人，实际上不是在伤害他人，而是在伤害自己。试问，一个人是心胸坦荡地生活更快乐，还是提心吊胆地生活更快乐呢？要记得，快乐都是自己找到的，而不是别人给的。当你心中住着快乐，快乐就会永远陪伴着你。

这个世界从来不排斥异己

在这个世界上生存，每个人的目标都不同。有的人希望自己可以与众不同，特立独行，有的人则特别害怕和这个世界不一样，为此总是打磨自己的棱角，希望自己变得如同水底的鹅卵石一样圆滑世故。然而，保持一些个性又有什么关系呢？世界具有极大的包容性，从来不会排斥异己，我们也就可以在不妨碍别人的情况下，放心地做自己。

当一个人被扔到人堆里找不到，这不是一种悲哀，但也不是一种荣幸。当然，在现实生活中，这样的人很多，但是这并不意味着我们也要成为这样的人。虽然我们不够美，不能给人惊艳的感觉，但是活出自己的个性还是可以做到的。很多女性都特别爱追随潮流，对于满大街的女人都在穿的衣服，她们总是宁愿花费重金购买也要盲从。实际上，有自己的特色，穿对衣服，才是最重要的。服装的价值，并不在于金钱方面体现出来，而在于它能否衬托出穿衣服的人具有与众不同的气质。所以真正有个性的女性，从来不会盲目地跟从别人去做事情，也不惧怕自己因为不同而引起他人关注的目光，而是坚定不移地做好自己。

现代社会，很多人都喜欢用女神来称呼别人，其实有几个女人能够真正配得上女神的称呼呢？大多数女人都是普通人，都有自己的喜怒哀乐，也常常因为命运的无常而陷入被动的局面之中。然而，她们是自己的女神。她们不屈服于命运的折磨，也不愿意因为命运的磨难而缴械投降，她们那么倔强，那么勇敢，总是想以这样的方式证明自己的不同。实际上，不同不是证明给别人看的，而是活给自己看的。当你发自内心地与众不同，你就会表现出不同，而如果你原本很普通，却非要以猎奇的方式变得不同，你恰恰是流于凡俗了。任何时候，都不要与自己的人生较劲，而是要有着随遇而安的洒脱，也要有着淡定从容的气魄，这样才能真正做到与众不同，也才能活出最真实精彩的自己。

不要觉得自己不完美，因为人生就像是一个圆，恰恰是这份不完美让我们可以在寻找残缺的时候控制好速度，也可以在成长的过程中有更多的机会来审视自己。但当人生的圆圈圆满了，它就会变成一个四处滚的圆圈，根本没有机会停留下来。认真看一看这个世界。

作为女性，一定要记住，不管你是美丽，还是平凡，也不管你有没有独特的才华，你都是你，你是无可替代的你，也是没有人可以媲美的你。活出自己的精彩，你就是最成功的你！

人生就像一杯苦咖啡

记得曾经有一部电视剧的名字就叫《苦咖啡》。看着这部电视剧，跟随着剧情转折心情也起起伏伏，居然真的能品味到苦咖啡的味道，不由得感慨：人生有的时候真的像是一杯没有放糖的苦咖啡。然而，即使最喜欢喝咖啡的人，偶尔也需要在咖啡中加入糖，加入牛奶，这样才能感受到咖啡多层次的芳香和苦中带甜的独特滋味。否则就这样一直苦涩下去，人生就只有苦味，岂不是太单调和乏味了吗？

明智的女性朋友会调整好生活的节奏，也会让生活富于多重的色彩和味道，这样她们才会在感受到生活苦涩的时候，也感受到生活的甜蜜和醇香，从而更加鼓足勇气面对人生，也更加坚定不移地走好属于自己的人生之路。有人说这个世界上从没有美，其实不是世界缺少美，而是人们缺少发现美的眼睛；有人说这个世界缺少快乐，实际上也不是世界缺少快乐，而是这些人没有感受和发现快乐的心灵。

人生苦短，如同白驹过隙，常常会让人在面对人生的困境时感到无能为力。然而，既然不如意是人生的常态，为何我们不能抓住如意的机会纵情狂欢呢？也许快乐短暂，但是那暂时的温暖却可以让我们在想起来的时候就嘴角带笑，就内心快乐。正如人们常说的，人生是有很多小确幸的，只有对于生命具有感悟力的人，才能捕捉这些转瞬即逝的小确幸，才能最大限度激发自身的力量，在小确幸到来的时候，及时感受快乐，感受幸福。

很多人常常活在已经失去的痛苦之中，却不知道在人生的道路上，每个人都是过客，在历史的长河中，一个人的生命更是沧海一粟。任何时候，既不要把自己看得太轻，也不要把自己看得太重，只有摆正自己的位置，端正心态，才能更好地面对人生，也才能从容地走好人生之路。

李咏去世的消息一经公布，在感慨给全国人都带来欢乐的咏哥英年早逝之时，也有很多作为妻子、作为母亲的人，无限疼惜哈文。人生最大的不幸之一，就是中年丧偶，年轻时，夫妻各自忙于事业，疏于对彼此的陪伴，而走到中年，生活也渐入佳境，就这样突然间失去了至关重要的另一半。哈文的一句“永失我爱”，让每一个有着相同身份的中年女性湿润了眼眶。然而，生活还要继续下去，不论遭受怎样的打击，我们都不能放弃生命。逝者已矣，生者如斯，只有坚强地活下去，才能慰藉那个最爱的人在天上的灵魂。

人生是苦，就像一杯忘记加糖的苦咖啡，一口一口地呷，慢慢地品味和喝下肚子去，你就感受不到这苦涩。有的时候，也别忘记给咖啡里加点儿糖，加点儿牛奶，让生活多出一份醇厚的滋味。

第07章　内外兼修，美丽有智的女人不会败给岁月

正如人们常说的，岁月是一把杀猪刀，让多少原本美丽的女人都现出了原形。然而，青春易逝，容颜不再，内在的气质却从来不会改变，反而会历经岁月的沉淀，变得更加富有韵味，意味深长。要想永远留着魅力，就不但要成为美丽的女人，还要成为充满智慧的女人，以内外兼修的方式打败岁月这把杀猪刀，让人生永远绽放出独特的神采。

像林徽因一样拥有美貌与智慧

一朵美丽的花有着鲜艳的颜色、独特的姿态，却未必会有浓郁芬芳的味道。一个美丽的女人有着挺拔的身姿、俊俏的容颜，却未必会有优雅的气质。造物主总是公平的，它给了一个女人美貌，就不会给她智慧，当然造物主也会有特别偏爱某一个女人的时候，让她美貌与智慧并存，不得不说这样的女人是造物主的宠儿，也得到了命运特别的偏爱。林徽因就是这样一个集合美貌与智慧于一身的传奇女子。

有人说，漂亮是女人最大的资本，其实不然。和由内而外散发出来的优雅相比，漂亮只是外在的美丽驱壳，而优雅却是在

漂亮的基础上，还有充实的内心和独特的情趣，林徽因很幸运，她拥有每一个人都想要的魅力与优雅。在这个世界上，如果只以漂亮选拔女性，则漂亮的女性很多。但是如果以美貌与智慧并存来作为对女性的选择条件，相信很多女性都会在智慧面前黯然失色。虽然这是一个拼颜值的时代，但是内在也同样不可忽略。有的时候，由内而外散发出来的美，还会让女性的漂亮上升到更高的层次。

如果只以漂亮来区分，林徽因不是那种让人一眼看去就很惊艳的好。作为一个江南女子，她五官端正，面目清秀，再加上温婉的气质，所以很多人一旦看到她，还是会对她刮目相看。林徽因出生在人杰地灵的杭州，而且出生在书香世家，所以从小就受到传统文化的熏陶。她还特别有智慧，更是在少女时期和父亲一起去欧洲游历，因而有这样的便利条件接受世界文化的熏染，也亲眼见识到了很多古建筑的魅力。正因为如此，她后来才能和丈夫梁思成一起研究中国古代建筑，并成为中国有史以来的第一位女建筑学家。

提起林徽因，同时代的很多人都为之倾心，也非常仰慕她的才华和才情。在林徽因开办太太客厅期间，她的家里总是会汇聚很多的文人雅士，她家里是不折不扣的文化人聚集地。即便后来与梁思成结了婚，也仍有很多优秀的男士对林徽因一见倾心，再见钟情。的确，每个人都追求美好的事物，更何况是与众不同的林徽因呢？即便在逃亡的日子里，林徽因也始终对生活满怀希望，有着倔强挺直的脊梁。

作为女性，我们也许无法做到像林徽因那样，但是一定要记住，女人的美不仅在于外表，更在于心灵。只有不断地充实自己的心灵，让自己学识渊博，充满智慧，才能战胜无情的岁月，让自己焕发出历久弥新的美丽与魅力。

学识渊博，腹有诗书气自华

当一个女人拥有美貌，她一定会在不如自己美丽的女人面前表现出一定的优越感，也会变得更加自信。从某种意义上而言，漂亮的脸蛋也是女性的通行证，毕竟人都会本能地追求美，也愿意看到自己的身边充满着美的人与事情。然而，只有美丽还远远不够，要想让自己成为某一个特殊领域内的佼佼者，女性就还需要拥有学识。

一个有学识的女人，在行走人生的时候会更加自信，当在专业领域内寻求发展的时候，她们也会有更强大的底气。每一个女人都渴望打造自身的魅力，实际上，女人的魅力绝不仅仅来自于美丽的外表，更来自于女性内在的学识与修养。对于女人而言，也许容颜最终会老去，但是学识只会随着不断积累越来越多，修养也会随着自身的提升而变得更加强大。所以真正明智的女性朋友，一方面会与岁月对抗，保持自己的青春美丽，另一方面也会内外兼修，让自己更加学识渊博，气场强大，从而以修养征服他人。

前文说过，专注工作的女人最有魅力。当然，一个女人要想做到专注地工作，就要具备专业能力，要具备一定学识，才能在特定领域内如鱼得水，得到更好的发展。否则，如果总是感到自己很空洞，也没有足够的能力去做好工作，女人就会无形中变得虚弱，面对很多事情的时候也就失去了底气。

林徽因不但是一个美丽婉约的江南女子，而且是一个有智慧的女子，还是一个学识渊博的女子。她在东北大学的时候，和梁思成一起创办了中国大学历史上的建筑系，为推动中国建筑学的发展奠定了坚实的基础。她在去东北大学之前，和梁思成扶老携幼四处流亡，但是始终没有忘记在学术道路上坚持前进。作为林徽因的丈夫，梁思成对林徽因的评价特别高，他说林徽因与众不同，多才多艺，不但能够和他一起探讨古建筑，甚至能去荒郊野岭、穷山僻壤进行考察，也可以探讨文学，进行诗歌创作，还能以哲学家的眼光看待和思考很多事情，进行高度凝练的概括。通过这番话我们不难得知，林徽因学识渊博，而且领悟力、创造力都特别强，所以才能横贯各个学科，和梁思成一样在中国建筑学史上留下自己浓墨重彩的辉煌篇章。

当然，人并非生而就有学识，而是要通过不断的学习和积累，才能获得渊博的学识，同时要坚持终身学习的精神，才能继续更新学识，让自己与时俱进地进步和成长。为此，梁从诫评价母亲林徽因，说林徽因作为一个古建筑学家，把科学家的缜密、史学家的哲思和艺术家的激情都融合在一起，所以才会在古建筑学上形成了独特的风格。也许，林徽因所做的还不仅于此，比起梁思成对于古建筑的研究，林徽因还把她作为女性特有的细腻与温情，也同样渗透到古建筑学中。总而言之，所见即所得，同样的，心里有什么，在眼睛所到之处也会折射出来。作为中国建筑史具有开山功劳的伉俪，林徽因与梁思成一样功不可没。

不仅如此，林徽因还是新月派诗人的代表，她的诗作《你是人间四月天》，迄今为止依然被人们广为吟诵。不得不说，作为女人能够到达林徽因这样的境界，是成功的，也是如同传奇一般的存在。

作为平凡的女性，我们也许没有林徽因这样的学识与才情，但是却要保持积极努力学习的精神，这样才能不断地提升和完善自我，也才能有的放矢地改变人生。记住，对于每一个女人来说，支撑门面的不是有一个好丈夫，也不是有多少名贵的珠宝和奢侈的服饰，而是有满腹的学识。古人云，腹有诗书气自华，当你成为一个才华横溢的女人，不管你在什么场合里都能从容地展示自己，而绝不会暗笑和怯懦。学识不但可以改变女性的命运，也可以帮助女性有的放矢地实现人生的伟大目标，还可以让女人的言行举止由内而外散发出高雅的气息。有学识的人，可以在人生的道路上走得更远，也可以最终到达人生更为辽阔的天地。

不读书的女人，精神贫瘠

要想成为一个像林徽因一样优雅的女人，博览群书是一定要做到的。少女时期，林徽因和父亲林长民一起去欧洲游历，在亲身感受欧洲的风土人情、异域文化的同时，林徽因从未忘记通过读书来充实和丰富自己的心灵。尤其是在英国期间，每当父亲需要去应酬的时候，林徽因独自留在住处，书籍就是她最好的陪伴。她完全沉浸在书籍的海洋里，贪婪地汲取知识，丰富和充实自己的心灵，这段时间的阅读，让林徽因对于外国文学有了很深入的研究。正因为如此，林徽因才能对于很多领域都有所涉猎，也才能以出口成章的才华吸引诸多“粉丝”的关注。

一个优雅的女人，她的内心总是从容淡然的，而且非常纯净，没有那些世俗的烦恼和忧愁。尤其是当沉浸在知识的海洋里感受书香的时候，女性总是非常专注而沉迷的。读书的好处很多，可以足不出户就博古通今，也可以开拓自己的眼界，与那些伟大的作者进行灵魂的交流，还可以奠定坚实的文化基础，从而让自己变得更加厚重。

林徽因出生于书香世家，在十二岁的时候，她跟随父母迁居北京，也正是在此时，她开始有机会接触西方文化，并且开始系统地学习英语。这样的文化底蕴，让林徽因读书的时候可以博览群书，而且毫无吃力的感觉。她就像是一块干涸的海绵，在遇到生命之源的时候甘之如饴，也贪婪至极。

曾经在封建社会里，女性的社会地位很低，也有很多人坚持女子无才便是德。为此，至今很多女性都受到这种错误观念的影响，总是不愿意读书。殊不知，现代社会已经男女平等，女性多少年来辛苦努力地抗争，才争取到学习、读书以及与男性平起平坐的机会，对此我们一定要珍惜。作为女性，即使每天都有很多琐碎的事情需要去做，我们也一定要坚持读书。读书，不在于每天都要抽出大段的时间去读，而是应该坚持去读。其实，生活中有很多琐碎的时间，如果能够把这些琐碎的时间整合利用起来，就可以读很多好书，也让自己得到快速的成长和发展。

大名鼎鼎的女作家毕淑敏曾经说过，睡眠之于女人至关重要，因为女人只要一天睡不好觉就会变成熊猫眼。但是读书之于女人却不同，因为一个女人几天不读书看不出来有什么改变，坚持读书好几天也看不出来有什么改变。但是当一个始终坚持读书与一个从来不读书的女人在一起，却会有着天壤之别。毕淑敏把书籍比喻成微波炉，认为书籍给人生加热的方式是在以微波的方式，由内而外地震荡产生改变。这个比喻非常恰当。曾经，也有人把书籍比喻成人类精神的食粮，这也充分说明读书就和吃饭一样，是不可或缺的。

做一个爱读书的女人，让自己的内心在知识的浇灌下更加充实，更加丰满，也让自己由内而外散发出独特优雅的气质。当你在知识的支撑下，一张口说话就让人感受到你文化的底蕴，要相信即使你素面朝天，你在精神上的魅力也会深深地打动他人。从现在开始，就利用更多的时间去读书吧。古人云，书中自有黄金屋，书中自有颜如玉。实际上，书中也有人生的梦想。爱读书的女人，有着充实的心灵和敏感的感情，运气总是不会太差。

才情，是女人永远的华服

作为女人，即使幸运地拥有美丽的容颜，随着时光的流逝，这容颜也终究有老去的那一天，例如娱乐圈里的不老女神赵雅芝、刘晓庆，即便一辈子都在与岁月抗争，如今年过六十，还是不可避免地呈现出衰老的姿态。所以相比起容颜，才情对于女人才是最重要的。如果说容颜是表现在外面的美丽，那么才情则是女人发自内心的美丽。有才情的女人不但独具魅力，而且也拥有与众不同的气质。正是因为如此，世间美丽的女子很多，有才情的女子却很少，在如今整容成风、撞脸的事情时常发生的时代背景之下，有才情的女子也就显得弥足珍贵。

有才情的女子，是灵动的。她们也许不漂亮，但是却给人以舒适的感觉，让人忍不住多看她们几眼，也想要认真地静下来来品味她们与众不同的美。有才情的女子，她们的优秀也往往不会偏居一隅，而是常常融会贯通，将她们的才情辐射到生命中更广阔之处。

那么，如何提升才情呢？当然，每一个新生命呱呱坠地，都是没有才情的，他们只会哇哇大哭，找吃的，填饱肚子，这是动物性的本能在起作用。在不断成长的过程中，女性在经过基础的学习之后，才渐渐有了才情。她们读过的诗词，欣赏过的经典影片，感悟过的人生片断，看似春去了无痕，实际上却已经渗透到生命之中，镌刻在灵魂之内。为此，才情成为女性最美丽的华服，哪怕光阴流转，岁月荏苒，也不会有丝毫褪色。

徐志摩在离开了张幼仪之后，他追求林徽因而不得，却很快与陆小曼如同干柴烈火，飞蛾扑火。为了追求爱情，陆小曼和丈夫离婚，与徐志摩在一起。可想而知，陆小曼绝不仅仅是漂亮，还是一个有才情的女子，所以才能吸引才华横溢、浪漫多情的徐志摩。在当时的交际圈里，陆小曼是大名鼎鼎的交际花，不但精通诗词，而且擅长绘画。然而，陆小曼终究无法摆脱交际花的本性，她挥霍成性，生活奢靡，为了供得上陆小曼的奢华生活，徐志摩不得不四处任课，以挣到更多的金钱。正是在一次搭乘飞机去上课的时候，徐志摩遭遇飞机失事。徐志摩的死，惊醒了陆小曼，她痛定思痛，痛改前非，最终成为了一名颇有造诣的画家。

在徐志摩去世之后，有一个男人始终在默默地照顾陆小曼，在人生之中大多数的时间里，一边供养家庭，一边负责抚养陆小曼，而陆小曼拒绝再嫁，他们就这样在一起度过大半生。不得不说，他也是被陆小曼的才情所吸引，才会对陆小曼如此痴迷。

女人可以没有美貌，但是一定要有才情；女人可以没有华服，但是一定要有才情。只有用才情来装点自己，女人才能呈现出不一样的姿态，散发出不一样的魅力。有才情的女子，才是让人无法抗拒而心生崇敬的。

散发出由内而外的高雅

漂亮的女人随处可见，高雅的女人却可遇而不可求。如果说漂亮的女人是人世间的一道风景线，那么高雅的女人就是在暴风雨过后出现在天边的一道彩虹，低低地悬挂在天边，却只可远观，不可亵玩焉。如果说漂亮是天生的，那么高雅则是后天养成的。作为女性，不管是否从父母那里得到了美丽的容颜，都要从这一刻开始加紧修炼自己，让自己变得高雅，由内而外散发出与众不同的气质，这才是最重要的。

记得在网络上，有董卿高贵的一跪。原来，当日董卿面对的是一个坐在轮椅上的老者，而董卿穿着紧身的短裙，没有办法蹲下来，所以她索性跪在老者的轮椅旁边，举起话筒与老者交流。有人说，这是最感人的一跪，而董卿却认为这样的举动理所当然，并没有因此就把自己看得多么伟大。这样的职业操守，才是更加令人钦佩的。

在2008年，汶川发生大地震，死伤惨重，在赈灾晚会上，董卿无数次落泪，发自内心的悲伤始终弥漫在她的脸上。她只想用自己微薄的力量，尽快为汶川的孩子们建立起课堂，让他们可以继续上课、学习，她只想为汶川无数受灾的同胞们募集到更多的资金，让他们尽快摆脱苦难，生活得到保障。董卿是一个内心高贵的女人，所以她才能以高雅的姿态面对全世界。

外表高雅、内心高贵的女人，并不会高处不胜寒，因为她们从未把自己放到高处。她们积极乐观，在面对生活的时候始终满怀热情，哪怕遭遇生活的坎坷挫折和磨难，她们心中依旧充满阳光，如同向阳花一样始终向着太阳。她们具有强烈的感染力，她们内心坚强，笑容温暖，总是把自己的正能量慷慨地传递给身边的人。

在好莱坞的电影史上，赫本是一个非常独特的女演员。很多人都能感受到赫本的高贵优雅，也为赫本与众不同的美丽深深地折服。赫本性情温和，心地纯良，尤其是在绽放笑容的时候，整个世界都会被她的温暖融化。她对待工作非常谦虚，也很敬业，哪怕已经有很大的名气，却依然努力地做到最好，这与如今有一些明星动辄就要大牌相比，简直有着天壤之别。正因为如此，赫本才会成为整个世界都为之瞩目的女神。即便到了晚年，她也竭尽所能的为慈善事业奔走呼号，力所能及地贡献自己的力量。不得不说，高贵的女人还是有信仰的女人，她们的内心始终充满着光和热，总是感动和温暖着身边的人。

高雅，是作为女人的修养，也是作为女人独特的魅力。不管你是否漂亮，都从此刻让自己变得高雅起来吧，要相信自己一定会征服全世界！

历经岁月沉淀，智慧是不老容颜

随着时光的流淌，美丽的容颜渐渐消失，不复存在，而与随着青春不再而消失的容颜此消彼长的，却是智慧。经历岁月的沉淀，智慧会变得更加厚重。在蹉跎的岁月中，美人鬓角的华发渐生，然而，她们的心中也多了几分淡然和从容，这实际上是智慧给了她们最大的支撑。

有智慧的女人更从容，即使光阴似箭，她们在人生的路上也走得仪态万方；有智慧的女人内心宽容，她们或许对于自己严苛，但是对于别人就像温暖宽和的太阳；有智慧的女人可以设身处地为他人着想，因而总是很贴心，这是因为她们在饱尝岁月的艰难之后，也更容易体味他人的辛苦；有智慧的女人不会斤斤计较，她们已经看透世间的很多事情，所以会在成长的道路上不断地砥砺前行，淡然温和……智慧并非是与生俱来的，而是在历经岁月的过程中渐渐形成的。智慧来自于女性对于人生的感悟，对于命运的感慨，也来自于女性心底的宽和和内心的厚重。

女人可以不美丽，但是一定要有智慧，否则愚蠢的女人只会贻笑大方。智慧与魅力往往是相辅相成的，有智慧的女人也更有魅力。在智慧的充盈下，她们的灵魂也变得生动有趣起来。智慧还是一种力量，只有有智慧的女人才有力量，而且这种力量是发自于内心的，是历久弥新且不断增强的。

在中国历史上，有一位女人被称为外交部的铁娘子，她就是傅莹。傅莹因为家境原因16岁辍学，20岁的时候才得到机会重新返回校园里学习。35岁那年，傅莹开始给邓小平当贴身翻译。在中国历史上，她有三个响当当的第一头衔。她是中国历史上第一位少数民族女大使，是中国第一位驻大国女大使，也是全国人大第一位女性新闻发言人。在与外国媒体进行唇枪舌战的时候，她总是不卑不亢，落落大方，也总是面带笑容，聪明睿智，但是对于那些想用文字游戏来误导她回答的人，她可是毫不留情，当即就可以从谈笑风生切换到犀利果断，瞬间就把那些别有用心的外国记者说得哑口无言。为此，很多外国元首都对她有很大的赞誉，称呼她为“最能准确清晰传递中国声音的使者之一”。这样至高无上的荣誉，可不是每一位使者都能得到的。

不得不说，充满智慧的女人有着无穷的魅力。最重要的是，在让很多女人都黯然失色的岁月面前，智慧却如同一坛陈年老酒，历久弥香，让女人散发出无穷的魅力！

时光是最好的雕刻机

一寸光阴一寸金，寸金难买寸光阴。在很多俗语中，我们都可以得知光阴的宝贵，也知道生命值得珍稀。古今中外，也有很多大作家提倡珍惜光阴。例如大文豪鲁迅先生说“时间就是生命，浪费别人的时间就等于谋财害命”“哪里有天才，我只是把别人喝咖啡的时间用来写作而已”。把时光用在哪里，哪里就会有模型出现，也会有雕刻的痕迹留下来。所以对于人生，应该更加积极主动地面对，这样才能有的放矢地去成长。

有人说，时间是最好的良药，能够治愈人生的很多伤痛。我们也想说，时间是最好的雕刻机，可以给人生塑造形状，让人生有更好的成长。作为女性，一定不要把最宝贵的青春时光用在各种毫无意义的事情上，因为时间是最大的投资。很多女性朋友误以为年轻就是资本，因而对于自己的成长总是漫不经心，实际上，时间对于投入而言是非常宝贵的，如果不计算时间成本，总是奢侈地浪费时间，那么她们终有一天会发现自己失去了最重要的人生资源——时间。

很多女性朋友都抱怨人生太枯燥乏味，觉得自己的生活就像直线，没有任何的惊喜。然而，岁月静好不正是很多女人所奢望的吗？与其在这样平淡的生活中失去兴致，不如激励自己更加努力进取，在平淡的生活中发现美好，发现惊喜，而这在于一定要有一颗满怀热情的心。否则，当内心如同一潭死水，如何能够看到更多的希望和美好呢？

有一次，林徽因因为生病留在家中休养。她躺在床上百无聊赖，因而就下床在屋子里散步。她走到窗户边，看到窗外阳光明媚，枝叶有的地方浓郁，有的地方浅淡，还时不时飘来若隐若现的清香。她被这样日常见到的景色感动了，情不自禁地感慨：“真美啊！”正是因为有着一颗诗情画意、充满希望的心，林徽因才能在这样平常的景色中看到美，也才能受到美的熏陶。

正如台湾作家林清玄所说的，一个人的心中有美，那么他就能看到美，一个人的心中如果充满污浊，那么他看到的只能是污浊。作为女性，一定要端正自己的心态，不要在面对很多事情的时候总是悲观绝望，而是要激发自己的动力，让自己更加努力上进，这样才能最大限度地使人生圆满，也才能从生活中看到更多的真善美。作为女人，切勿总是怨天尤人，更不要在面对很多事情的时候一面放纵自己，一面自怨自艾。要知道，这个世界上总有人比你更加不幸，只有拥有感恩的心，才能感谢生命，感恩人生。在这个世界上，太多的人都不知道如何面对人生的磨难，其实只要坚定不移地笃定做自己，走好人生的道路，就是对人生负责的态度，就能在人生之中有更多的收获和成长。

女人要坚强，但不要总是咄咄逼人

很多女性误以为温柔与坚强是对立的，其实不然，一个温柔的女性，也可以做到内心刚强。也有很多女性误以为坚强就是强势，其实不然，一个优雅的女人可以很坚强，却从来不会咄咄逼人。中国的汉字博大精深，很多词语之间只有一字之差，却有天壤之别。所以女性要想打造自己的完美形象，就一定要注意区分诸如坚强与强势，温柔与柔弱之间的关系，这样才能有的放矢地活成自己理想中的样子。

人生不如意十之八九，命运并不曾偏爱女性一些，所以在人生成长的过程中，女性同样会遇到很多坎坷挫折和磨难，偶尔也同样需要和男性一样咬紧牙关去抗住很多事情。尤其是在现代社会，女性和男性平分秋色，在职场上巾帼不让须眉，在生活中却还要照顾好家庭和孩子，所以很多人都说女性其实承担着比男性更重的生活压力。即使在这种情况下，女性也不要忘记自己独特的魅力——温柔，更不要在忙着坚强之余变得咄咄逼人，刚强有余而柔韧不足，那可就太得不偿失了。

不得不说，现代社会，很多人的心理承受能力都很差。在生活中，当遭遇小小的挫折时，他们的第一反应就是放弃，在这样一而再再而三的退缩中，他们最终失去了对于命运的掌控，只能随波逐流，如同水面上无根的浮萍一样。而残酷的现实却又逼得人不得不坚强，生活的压力这么大，职场上的竞争日益激烈，如果一个人总是无法对抗内心的畏缩，而屈服于自己怯懦的本能，他们就会彻底被打败。而如果他们拥有自制力，不会轻易放弃和退缩，那么他们在面对人生中的很多艰难境遇时，就会一次又一次地突破自己，成就自己，最终遇见更好的自己。

女性朋友一定要记住，柔弱不是女性的代名词，但是也要记住，不要矫枉过正，不要为了避免柔弱的表现就让自己坚强如刚，咄咄逼人。那些运气好的女性，都是能够把温柔和刚强掌握得恰到好处的人，她们知道自己什么时候要以柔克刚，也知道自己什么时候应该顶天立地。

最近这段时间，雅文与丈夫之间的关系非常糟糕。因为对于家庭事务上的分歧和意见，雅文经常和丈夫发生争执。有一次，雅文正在做饭，发现手边上的酱油用完了，因而呵斥正在看电视的丈夫："别看电视了，赶紧去买酱油！"听到这样的话，丈夫虽然心中一闪而过自己在娱乐，而雅文却在做饭的愧疚，但马上又冒出气愤："你喝令谁呢？没有酱油就不吃！"就这样，原本愉快的一餐饭在彼此的争吵中渐渐冷却在了锅里。

假如雅文能够换一种表达的方式，对丈夫示弱："亲爱的，你能帮我去买酱油吗？我这边锅上还有火，但是着急用酱油，而且，你动作可比我快多了！"这样一番话说下来，丈夫会意识到雅文的辛苦，也会因为自己被雅文需要而感到高兴，当然会心甘情愿当机立断去买酱油。

同样的意思，换不同的方式表达出来，甚至只需要语气的改变，就会起到不同的效果。一个懂得以柔克刚的女性，绝不会在表达需求的时候咄咄逼人，甚至她们还会压抑住内心的不满，以示弱的方式寻求所爱之人的帮助，这正是爱情保鲜与婚姻幸福的秘诀。

没有人会喜欢一个总是咄咄逼人的女人，不管是在家庭生活中，还是在职场工作中，女性学会示弱，学会以恰当的方式表达自己的需求，得到他人的帮助，这很重要。

有高度的眼界，就有高度的人生

在崭新的时代里，一个真正想要独立生存、自尊自爱也自强的女性，不但有着渴望独立的心，而且也有着开阔的眼界。有人说，人所站立的高度决定了眼界，实际上，眼界反过来也会决定人生将到达怎样的高度。做一个优雅的女人，就不要成为攀援的凌霄花始终依附于他人而生存，而是要以树的形象与所爱的人比肩而立，叶在空中挥手致意，根在地下紧紧依偎。唯有如此，爱情之中的地位才会更加平等，爱人之间的交流与沟通才会更加顺畅。

很多女性朋友误以为，在婚姻生活中，最可怕的是一方的不忠诚。实际上，不忠诚只是心灵脱轨的表象而已，当不忠诚发生的时候，一定意味着原本彼此相爱、在同一起跑线上的两个人，已经出现了巨大的差距。所以对于婚姻来说，最可怕的事情是落后于伴侣，在与伴侣携手并肩一起成长的过程中失去了相同的节奏和进步的幅度。一旦这样的情况发生，就意味着在同一个屋檐下生活的两个人，没有了同样高度的眼界，也失去了得到同样高度人生的机会。为此，落后的一方不是挨打，就是被舍弃，被遗留在对方曾经快速经过的地方。

一个真正内心强大的女人，她们会提升自己眼界的高度，也会因此而看到不一样的人生。而当到达人生中一个小小的巅峰时，她们会更加开阔眼界，也会让自己对于人生的理解和感悟更加深刻，由此达到更高的眼界。对于她们而言，眼界的高度与人生的高度是相辅相成的，是相互促进不断提升的。

有人说人生是一场终点未知的旅程，有人说人生是一次攀登，只有坚持不懈的人才能到达人生的巅峰。其实，不管是旅行也好，还是爬山也好，人生的过程都注定是艰难的，很有可能遭遇荆棘与坎坷，也很有可能在不断上升的过程中因为脚下一滑就摔得鼻青脸肿。当跌倒之后留在原地哭泣，人们就不可能再获得成功。只有在跌倒之后拍拍身上的尘土，爬起来继续前行，才能永攀高峰。伟大的科学家牛顿曾经说过，“我是因为站在巨人的肩膀上，才会看得比别人更远”。我们也许还没有机会真正站到巨人的肩膀上，那么就让自己尽量看得更远，这样才能有机会到达更遥远的人生目的地。

当然，需要注意的是，作为女性，我们也许可以决定眼界的高度，但是却不要总是好高骛远。现代社会，有太多的人眼高手低，过于高估了自己，在真正做事情的时候，才发现自己能力不足，因此而陷入尴尬。所以准确定位自己很重要，在自己的能力范围内，在自己努力之后可以够到的地方，尽量提升眼界，提升人生的高度，这才是可行的。

谁说女子无才便是德

请赶快忘记“女子无才便是德”的古训吧，因为在现代社会，女子不但要有才，而且要有巾帼不让须眉之才。在很多行业里，女性甚至还占有特殊的性别优势，她们可以把工作做得更好。所以女子也要端正态度对待自己的人生，再也不要把所有的希望都寄托在男性身上，而是要勇敢地拼搏出属于自己的人生天地。

如今，很多女孩都可以和男孩一样接受学校的教育，也可以顺利地读完大学。遗憾的是，有相当一部分女孩之所以努力认真地读书，目的居然是为了将来可以钓到金龟婿。不得不说，这样的读书不如不读，因为她们压根就没明白读书和学习的意义。常言道，靠山山会倒，靠树树会跑。当然，山倒的可能性很小，树长出脚来逃跑的概率也很低，这句话其实只是在告诉我们人生之中只能靠自己。

在这个世界上，真正无私无畏、全心全意对我们好的人，除了父母，没有其他人。有些女性会以为爱情可以创造奇迹，但是正如我们在前文所说的那样，爱情是有所图的。当有一天爱情无所图，那么爱情也就不复存在了。那么作为女性，我们不要一味地图男人什么，当自己不断地努力壮大，让男人在选择我们的时候也有所图，并且图的不是我们的青春美丽，而是我们的实力，这才是我们作为女性真正的骄傲。

女人，一定要靠自己，才能更好地生存和发展。作为有很多倾慕者和追求者的林徽因，明明可以靠颜值生活，却最终选择靠实力生活。对于徐志摩的疯狂追求，林徽因尽管也因为徐志摩的浪漫和才情而怦然心动，但是她始终保持着理性，知道自己想要怎样的爱情，想要怎样的丈夫。为此，她最终有所图地选择与不那么浪漫而更加务实的梁思成在一起。即便如此，她也没有把自己人生的希望都寄托在梁思成身上，而是始终非常努力地开拓视野，目标明确，哪怕吃苦受累也再所不惜。如果连比我们优秀许多的林徽因都这么拼，我们还有什么理由在人生的道路上放纵自己呢？作为女性，我们必须坚持努力，拼搏进取，才能让原本平淡无奇的人生绽放出异样的光彩！

记住，作为女性，我们一定要有所追求，不要企图不劳而获。每个人要想在这个世界上站稳脚跟，就要有自己的根，所谓的根就是事业。作为女性，同样要有自己的事业，有自己的梦想和目标，不要把爱情作为自己的全部。对于每一位女性而言，唯有以树的形象与所爱的人比肩而立，才能更加得到爱人的尊重和理解，也才能与爱人一起不畏惧风雨地支撑起整个家庭！

坚韧不拔的女人才是真正的强者

在这个世界上，没有任何人的人生是始终顺遂如意的，正如人们常说的，人生不如意十之八九，这就告诉我们不如意是人生的常态，每个人都要学会接纳和面对人生的不如意，才能更加坚强快乐地成长。当然，不如意和艰难坎坷从来不是男性的特权，命运对于每个人都是公平的，作为女性，也会在生命的历程中遭遇各种挫折，那么就要怀着积极的心态勇敢地面对，才能最终战胜困境，成就自我。

在西方国家，心理学家经过研究发现，大多数人的先天条件相差无几，之所以有的人能够获得成功，而有的人总是与失败结缘，就是因为他们面对挫折和磨难的态度不同。有的人哪怕遭遇小小的不如意，就会马上放弃，也在颓废沮丧之中对人生失去信心，所以这小小的不如意对于他们的打击是致命的。相反，有的人哪怕被命运残酷地对待，也从未失去过对人生的信心，他们总是坚韧不拔，努力向前，不到最后一刻绝不轻易放弃，正因为如此，他们才能战胜不如意，最终在生活的泥沼之中站起来，作为强者在人生之中崛起。

对于女性而言，要想成为真正的人生强者，也必须要有这样的精神。否则，轻易放弃的人虽然避免了失败，却也彻底失去了成功的可能性。不要奢求人生顺遂如意，也不要奢求得到命运特别的照顾和偏爱。大多数人在漫长的一生之中，要花费很多的时间和精力与挫折斗争，作为女性，除了要坚强之外，更要保持惯常的美丽，不要因为苦难就失去了面颊的红润，也不要因为折磨就变得对于生活毫无情趣。

有的时候，我们无法左右和控制外部的世界，但是却可以调整好自己的心态，端正对人生的态度。很多女性朋友都说现实太残酷，压迫得人喘不过气来，实际上，只要你愿意，还是可以在生活中找到真善美的。记得在二战过后，德国一片狼藉，处处都是残垣断壁。有一个国家的专家组成考察小组去德国，深入到普通的德国家庭里研究德国的战后重建工作。在走出一个普通的德国家庭时，专家小组的组长感慨地说："德意志民族真的是一个非常强大的民族，他们是永远不会被打垮的。"同行的专家很困惑，不知道组长为何要这么说，因而询问组长原因。组长说："你看到德国人的家里有什么不同吗？"随行的人想来想去，最终摇摇头。组长说："有好几个德国人的家里，都是残破的垃圾，但是他们的桌子上，插着从野外采摘来的美丽娇艳、生机勃勃的野花。"是啊，只要心中有希望，从来不放弃，就总能找到点缀生活的东西，也总能找到激励自己坚强活下去的理由。

生活中，没有苦就无所谓甜，没有丑就无所谓美。我们本能地喜欢品尝甜蜜，欣赏美丽，却也要学会接受生活的苦涩，忍受生活丑陋的一面。只有接纳，悦纳，才能做到积极地改变自己，调整好心态去勇敢地面对命运赐予的一切。

第08章　一生很长，去遇见有趣的人过有趣的生活

如果不能遇到对的人，一辈子就会显得漫长而又难熬，如果有幸遇到对的人，就可以和对的人一起过有趣的生活，感受人生的小确幸、小快乐，那么一辈子就会过得很长且充满幸福。对于女性而言，遇到怎样的人，会对生活产生重大的影响，也会决定人生中很多的事情。遇见，往往是女性所不能左右和控制的，也是女性最为期待和憧憬的。

遇到对的人，是你最大的幸运

很多女人抱怨人生的不幸，最终都会以一句“遇人不淑”作为总结。实际上，如果女人自己就可以活得摇曳多姿，又为何要把幸运或者不幸的期望寄托在男人的身上呢？记住，男人是来锦上添花的，遇到对的人，是你最大的幸运，而如果遇到的人不对，你的生活也应该在既定的轨迹上运行，可以为某人暂时停留，却不要永远驻足。

在人生这趟快速行驶的列车上，很多人物和景致都是人生的过客，匆匆地一闪而过，也许再没有出现的机会。作为女人，要习惯把那些不合时宜出现的人和事情，作为人生的背景去消除，

同时也要学会遗忘。不管遇到谁，只有活出自己的精彩，才是最重要的，也是最幸运的。

作为一个青春美少女，思瑶可不是大多数人所想象的那样，带着设计师独特的弱不禁风和神经气质。实际上，她身材匀称，带有一些肉肉，但是看起来让人觉得很舒服，尤其是她的性格非常好，身边总是聚集着一大圈朋友。思瑶从事装修设计，因而每当朋友圈里有熟悉的朋友，或者只有一面之缘的朋友需要装修时，她总是非常热心地帮忙设计。然而，思瑶已经二十八岁了，至今为止还没有男朋友。

每次回到家里，妈妈都会催促思瑶赶紧找男朋友，赶紧结婚，对此，思瑶丝毫不着急，总是安慰妈妈："缘分还没有到，缘分到了，自然一切水到渠成。"听到思瑶这么佛系的话，妈妈总是无奈地摇摇头。后来，思瑶在三十而立的年纪里，遇到了一个志趣相投的人。他们一见钟情，很快就步入了婚姻的殿堂，最让人惊讶的是，才结婚一年多，思瑶就和丈夫处理掉了大城市的房产，一起去了云南普洱生活。很多人对于思瑶轻易放弃已经拥有的一切感到惊讶，思瑶却很淡然："我们都喜欢普洱，也喜欢洱海边悠闲惬意的生活，这不就是命运最好的安排吗？"

认真想一想，现在有几个已经在大城市有根基的人，愿意真正放下和舍弃城市里的一切，去外地生活呢？但是当你遇到对的人，这一切都有可能。不要以为仗剑走天涯的爱情只出现在金庸的武侠小说里，在现实生活中，当和对的人在一起，所有的奇迹和可能性都会发生。记住，任何时候都不要抱怨生活，你的心怎样，你的生活就会怎样。

如今，有很多大龄剩女尽管有着不错的工作和独立的经济，却因为父母的催婚而变成恨嫁女，恨不得马上就找到一个金龟婿嫁了。实际上，爱情是最急不得的事情，必须在对的时间里遇到对的人，才能成就一段爱情的佳话。

有趣的伙伴，让生活也妙趣横生

人生短暂，光阴似箭，遇见有趣的人，过有趣的生活，这大概是每一个女人对于生活的终极向往和追求。然而，有趣的伙伴可遇而不可求，有趣的生活更是需要与对的人摩擦出激情、妙趣的火花才能实现。所以要想实现这一人生终极理想，还是需要付出很多努力，也要祈祷自己有好的运气。

素锦本来是一个非常内向安静的女孩，在整个大学期间，她除了上课之外其余的时间都是在阅览室和图书馆度过的，除非班级里组织集体活动，她才会勉为其难地跟着一起去爬山。日子久了，有些同学甚至忽略了素锦的存在，当提起素锦这个人时，必须在脑海中搜索一番才能想起来。然而，大学毕业五年的聚会上，谈笑风生的素锦简直让同学们大跌眼镜：这还是我们认识的那个默默无闻的素锦吗？

素锦的改变，就是因为她遇到了一个有趣的人，从此开始了有趣的人生。正是在一年前，素锦和一个热情开朗的男孩相遇了。在外人看来，素锦和男孩完全不相配，因为素锦是内向沉稳而又喜欢安静的，偏偏男孩是外向热情而又喜欢热闹的。一开始，男孩邀请素锦一起去爬山，去参加各种聚会，去酒吧狂欢，总是被素锦拒绝。渐渐地，在男孩锲而不舍的追求和坚持下，素锦居然渐渐地喜欢上了这样喧闹的生活，而她内心里一直沉睡的火苗也开始熊熊燃烧了起来。现在的素锦，完全放开了自己的内心，把曾经压抑在心底的热情释放了出来，成为了与男孩特别合拍的人，他们一起尽情地享受爱情，尽情地享受生活。所以当同学们再看到素锦的时候，素锦看起来更加年轻且充满活力，整个人都变得截然不同了。

原来遇到一个有趣的人，能够让你的人生也变得有趣起来。很多人都觉得人生如同白开水寡淡无味，实际上，人生的调味料是需要自己加进去的。如果你有一颗乏味的心，那么即使有趣的生活也会被你变得了无生趣，如果你有一颗充满趣味的心，那么即使乏味的生活也会被你增加乐趣，变得生动起来。尤其是当你有了一个最佳的小伙伴，可以和你一起疯狂一起嗨，可以和你一起安静一起沉思，或者就这么无聊地呆坐着也不觉得乏味，对于你而言，就是最大的幸运，也是最大的幸福。

作为女性，再也不要抱怨生活寡淡无味，而是要正确认识到，生活的节奏和趣味实际上掌握在我们自己手里。从现在开始，就勇敢地行动起来吧！当你的内心对于生活充满热情，当你愿意勇敢地迈出第一步，与有趣的人在一起，你就会真的变得有趣。你是喜欢喝冰冷刺激的冰镇汽水，还是喝香醇浓厚的咖啡，亦或者是清爽宜人的绿茶，当生活获得百变的机会，你对于生活的感触也会变化万千，生活也将更加丰富生动和精彩。当然，你需要一个好搭档，当他到来的时候，你一定要打开门迎接他哦！

很多人生指南都是骗人的

很多青春期的女孩都喜欢看各种各样的人生指南，听形形色色的专家的话。实际上，很多人生指南都是骗人的，尤其是对于女孩而言，一味地沉浸在这些根本不符合现实生活情况的空洞道理中，只会让自己陷入生活的被动困境之中无法自拔。这就像《郑人买履》的故事一样，如果你都不相信自己的脚，又为何要相信丈量脚得出来的尺寸呢?

任何高明的理论和看似有道理的人生指南，都抵不上我们对人生的感悟来得更加真实和透彻。与其相信脱离实际的人生指南，还不如真正用心去感悟生活，用自己的透彻领悟去面对生活，这样岂不是更好吗？常言道，不经历无以成经验，这正告诉我们，人生之中需要亲身去经历，才能有更深刻的感受和领悟，否则一味地听从所谓专家的建议，只会导致误入歧途，以及得到根本不切实际的指导。且不说每个人都是这个世界上独一无二的生命个体，每段感情、每种人生，也都有别人不亲身经历就不可能深刻体会的心情。既然如此，就要相信自己的心，要遵从心的指导，给出人生最明确的方向。

这个世界上，并没有任何一种生活是非怎样就不可的。如今，很多年轻人从大学毕业，就坚持一定要考上公务员，从此捧上金饭碗，不得不说，这样的非怎样不可，实际上是在给自己的人生下套，只是让人生更多了一些铜墙铁壁而已。虽然对于人生，每个人都有伟大的理想和梦想，但是不要过度苛求。对于生活，既要有着坚决的勇气和不放弃的信念，也要学会随遇而安，量力而行。

人生之中的很多想法，都是一通百通的。当对一件事情想得开了，对于很多事情也就能想得开。尤其是对于爱情和婚姻，女性更容易钻入牛角尖，为此很多女性索性对爱情失望，彻底放弃爱情，成为不婚主义者，或者虽然结婚却选择丁克。不得不说，这都是个人的选择。曾经有个女孩在结婚之后和丈夫说好丁克，却架不住家里老人和身边朋友的劝说，在四十岁高龄的时候要了孩子。然而，已经习惯了二人世界的他们在有了孩子之后，人生陷入了慌乱之中，变得非常仓促和匆忙，最终稳定的夫妻关系也濒临破裂的边缘。女孩后悔要了孩子，再想挽回婚姻，却心有余而力不足。人总是自私的，哪怕对自己的孩子，也常常无法全心全意、无怨无悔地付出。对于女性而言，一定要更加积极主动地面对人生，想好自己要坚持怎样的生活，不要被外界的人和事情轻易改变。

记住，没有人可以成为别人的人生导师，处处表现出一副过来人的样子，对别人的人生指手画脚。与此同时，我们也要坚信，没有人可以成为我们的人生导师，不管是父母出于爱的目的善意地劝说我们，还是有些人不自量力地指导我们如何面对人生，我们都要始终保持清醒的态度，坚持自己的选择，这样才能活出独属于自己的精彩。

爱生活，爱美食，也要爱烹饪

吃是人的天性，新生儿从呱呱坠地开始，就急迫地寻觅母亲的乳房，想要吮吸甘甜的乳汁，满足自己对于吃的欲望。随着不断地成长，会接触更多的美食，我们对于美食也会更加热爱，对于美食的追求也会更加坚定不移。前几年热播的《舌尖上的中国》，包括现在在腾讯视频独家热播的《风味人间》，之所以能够火遍全球，赢得无数美食热爱者的追捧，就是因为人的天性就是爱美食，就是渴望品尝美食，用美食充实自己的胃，也温暖自己的心。

在现实生活中，如果一个人对于吃都失去了兴趣，可想而知，他们对于人生也会没有饱满的热情。一个新时代的女孩，能够更加直面人性的本能，再也不用像在封建时代一样三从四德，甚至在吃饭的时候都不能和男性平起平坐。生在这么好的时代，女性有了更多的机会品味美食，也可以做到毫不遮掩地热爱美食，尤其是现在，还有很多女性都以自己是个吃货而感到骄傲。为此，她们也满怀着对于烹饪的热爱。

人们常说，爱笑的女孩运气总不至于太差，实际上我们也想说，爱美食、爱烹饪的女孩，运气也都很好。有人说，要想抓住一个男人的心，就要抓住他的胃。实际上，新时代的女性，并非一定要用高超的烹饪技术去抓住男人的心，而是当真正热爱美食和烹饪的时候，就可以随时犒劳自己，可以在厨房里氤氲的烟火气之中，感受美食的独特魅力，享受给所爱的人做一餐饭，再看着他们狼吞虎咽地把饭吃完的成就感。不仅对于爱人如此，对于孩子也是如此。很多孩子都以有一个热爱美食和热爱烹饪的妈妈而骄傲，而他们对于家最深刻的记忆，很有可能就是在妈妈精心烹饪的家常味道之中。

相信不管是《舌尖上的中国》还是《风味人间》的导演，在演绎美食味道的时候，都不曾把美食作为独立的一种生活必需品去看待。记得在《舌尖上的中国》中，旁白曾经说过，“是味道把人与故乡联系起来。远行的人，或者带去妈妈亲手腌制的咸鱼咸肉咸鸭蛋，或者小心翼翼地在颠簸的长途车上捧着一摊子家乡的辣椒酱。甚至在内陆的人去台湾探亲的时候，也会带去亲手晒制的各种海鲜干货。这样富有家乡气息的味道，是走到多远都不能忘却的”。

在中国，美食向来有着不同寻常的含义，每当团圆的日子里，总是全家人围坐在大圆桌旁边，一起享受美味的食物。看着食物的热气蒸腾，闻着食物散发出来的浓郁香气，美食让人情不自禁地生起温情。然而，有很多新时代的女性不愿意洗手作羹汤，觉得自己只要挣到更多的钱，可以叫外卖，可以下馆子，而不需要像一个传统女性那样围绕着锅灶转来转去。作为新时代的女性，虽然要摒弃传统，解放自我，但是有些传统的精华还是不能舍弃的。民以食为天，为所爱的人精心烹制一锅汤，也许就能温暖他的心，也可以让远行的孩子在想起妈妈的时候，感受到胃部的充实和暖意。

美食还可以治愈人的心灵，如果觉得心灵空虚时，那么就用美食充实自己的胃吧，正是因为如此，才有那么多的吃货在各种心情之下去海吃一顿。一个爱美食、爱烹饪的女孩，也许在这个纷杂忙碌的世界里，才能真正做到特立独行。

珍惜一见如故的美好

在这个物质和金钱被提升到前所未有高度的时代里，很多人都已经对一见钟情彻底绝望，这是因为一见可以钟情，再见未必如意。因为如今有很多女孩衡量爱情的标准太过复杂，不但要求对方有房有车，还要考察对方的存款，问清楚对方的薪资水平等。这样问下来，导致一见钟情产生的那点朦胧好感，最终都烟消云散，不复存在。曾经有个离异的男士在寻找人生伴侣的时候，感到倍受打击，甚至决定要独自一人终老一生。有朋友劝说他既然自己是离异的，就不要坚持找未婚的女孩，他却沮丧地说："找那些同样离异，甚至是丧偶的，难度太大，一上来不是问在上海有没有房子，就是问有多少钱的车子，有多少存款，让人瞬间没有了继续交谈的欲望。我每一次都想问问她们，难道在上海没有房子的男人，就不是男人吗？" 不得不说，是世故让人失去了一见钟情的欲望。

固然，巧妇难为无米之炊，适度的生活条件对于人的生存是很必要的，但是在真正的爱情面前，如果过度地把物质和经济条件提到首位，就会让人失去爱情，也失去渴望爱情的动力。在现实的生活中，如果能一见如故，已经是非常美好的事情。不管是与爱人之间，还是与朋友之间，能够相谈甚欢，就是最大的幸运，否则就会相对两无言，也不会含情脉脉，而是在彼此之间弥漫着尴尬，如此一来就会让相处变成一种煎熬。

古人云，白头如新，倾盖如故。这句话告诉我们，有很多人明明彼此已经认识了一生的漫长时间，但是却和最初相识的时候一样彼此陌生，而有的人虽然才有一面之缘，却已经彼此了解，拥有不可言喻的默契，这是心与心的碰撞、灵魂与灵魂的交融。毫无疑问，每个人都希望拥有后者这样的友谊与爱情， 但却是可遇而不可求。

现代社会，每个人都陷入了生活的漩涡之中，被急速的漩涡带着的自已也如同一个飞速旋转的陀螺一样不能停下来。为此，人与人之间擦肩而过的缘分多了，彼此凝视的机会少了。那么，不如扪心自问：辛苦工作、奔忙生活的目的是什么？如果仅仅是为了忙碌，无疑是本末倒置，人生最重要的在于，不忘初心，方得始终。归根结底，一切的辛苦忙碌，都是让自己的生活更幸福，更有趣味。那就请珍惜一见如故的美好，不要因为匆忙，失去了那些可以与你美好相对的有趣灵魂吧。

正如周华健的《朋友》那首歌里所唱的，朋友一生一起走。人是群居动物，总是要在人群中生活，而不想忍受漫长的寂寞。只有与真心的朋友相对，人生才不会寂寞；只有与一见如故的朋友相对，灵魂才能碰撞出火花，苦亦不觉得苦，人生更加趣味盎然。

也许，真的有与你一样的人存在

有人说，这个世界上绝对没有完全相同的两片树叶，更没有两个完全相同的人存在。这句话很有道理，因为细心的朋友会发现，哪怕是同卵双胞胎，也只是有着极度相似的外表而已，他们的心却是完全不同的。但是，如果有人告诉你，这个世界上很有可能真的有与你一样的人存在呢？你会怎样想？不妨去相信，那个和你一样的人，就在世界的另一个地方，和你一样过着平凡的日子，也在假想着你的存在。这么想来就很神奇，不是吗？

很多人在爬上山峰的时候，都会对着对面的远山呼唤。有的时候，远山会传来回声，有的时候，远山沉默不语。当孩子听到远山传来的回声时，常常会误以为在那边的山上也站着一个人，正巧和自己喊着同样的话，这样的感觉简直太奇妙了，也给孩子稚嫩的心灵留下了无穷的想象空间：对面的那个人和我一样是孩子吗？他会和我有着相同的喜怒哀乐吗？他也知道我的心思吗？人生，总是需要有些念想，才不至于被枯燥乏味的感觉淹没。

有的时候，还会陡然生出一种特别让人惊悚的感觉：置身于此刻的情形之中，面对着眼前的人和事情，突然清醒地意识到自己曾经在梦境中经历过一模一样的场面，甚至连说过的话都是完全相同的。这种感觉的确惊悚，让人瞬间恍若感受到了前世。这样潜意识里的记忆到底从何而来呢，让你觉得此刻所发生的一切都是冥冥中注定的？

即便不是真的与我们完全相同的人，也会让我们产生强烈的吸引力，那就是那些与我们有着很大相似性的人，或者是脾气秉性相似，或者是理想志向相近，或者是对于某一件事情的看法很投合，这些偶然的巧合因素都会让我们觉得与他人似曾相识。在《红楼梦》中，贾宝玉放着精明强干、智商和情商都很高的薛宝钗不爱，偏偏爱上了体弱多病、多愁善感的林黛玉，就是因为林黛玉与贾宝玉很相似。贾宝玉虽然对丫鬟都有情谊，乍看起来是个女人堆里混大的薄情的人，实际上他始终只对林黛玉一见倾心，再见钟情，从未改变过对于林黛玉深深的爱。与此同时，林黛玉也是贾宝玉的知心人，与贾宝玉惺惺相惜。她理解贾宝玉的叛逆，也懂得贾宝玉对于各种势力的反抗，更知道贾宝玉的细腻敏感和自由不羁。他们就像是彼此的翻版，说出来的话也是对方的回声。

有的时候，我们拼尽全力去爱与自己相似的人，只是为了完成自己。在对于很多事情感到游移不定的时候，我们渴望听到一个倾向于我们内心的声音，这样的声音让我们更加坚定不移地做自己，而不会增加我们对于自己的怀疑。当对梦想感到迟疑不决，不知道是否应该当机立断展开行动的时候，是那个与我们相似的人，推动着我们去实现自己的梦想。当然，有的时候，面对一个与我们特别相似的人，我们甚至还会对他们产生厌恶和排斥，但是随着不断地熟悉和了解，我们会更加亲近对方，甚至对于对方产生深深的喜爱。

想想就会觉得很神奇：在茫茫然的世界里，当有一天，我们与那个和自己一样的人相遇，在此之前我们孑然一身，倍感孤独和寂寞，在此之后，我们举手投足之间都能看到一模一样的自己，这岂不是最惊心动魄的相遇吗？从此之后，天大地大，我们再也不会一个人孤孤单单地面对这个世界，更不会孑然走过一生。

人世纷杂，每个人都需要精神的原野

每个人都是孤独的，为此每个人都渴望在成长的过程中结识更多的朋友，找到真正心灵相通的人，彼此陪伴着在人生的路上前行，相互慰藉和依靠。然而，在感受热闹和喧嚣的同时，也常常会有人感到难以名状的寂寞和孤独，这是因为他们厌倦了纷杂的世界，而渴望回归自己的内心，面对自己的灵魂。从这个意义上而言，每个人都需要精神的原野，这样才能在成长的道路上，既有朋友的陪伴而不感到寂寞，也在需要独处的时候可以回归自己的内心，享受安然。

现代社会，人人都非常忙碌，尤其是在大城市里生活，节奏很快，竞争的压力很大，很多人甚至忙得无暇看一眼路边的小花，在持续的工作日里，每天都披星戴月，既看不到太阳升起，也看不到太阳落下，在不分季节的写字楼里，感受着恒温，也感受着乏味无趣的生活。正是在这样的忙碌之中，我们渐渐地迷失了自我，也忘记了生活的本质。

人世喧嚣，每个人都需要精神的原野，即使再忙，也不要颠倒了生活的本质。在辛苦忙碌的日子里，回到家，不妨为自己熬一碗养生的粥，这样至少可以让自己在紧张忙碌之余，可以静下心来感受火苗在砂锅下面的跳动，感受到大米粒在沸腾中舞蹈。这样的沉浸，让你更加贴近于自己的心灵，也让你更加从容地做好自己。这就相当于是给心灵充氧，甚至比起睡眠更能够让你在次日有着充足的动力和淡然的心灵。

如今，还有很多人喜欢养一个宠物，或者种植花花草草，或者学习插花、绘画等。实际上，这都是借助于喜欢的事情回归内心的表现，都是在精神的荒芜之中给自己留下一方天地的表现。在时间无涯的荒野中，你可曾给自己留下片刻呢？写到这里，让人不得不想起前几年非常畅销的现象级图书《摆渡人》。《摆渡人》之所以拥有那么多读者，是因为很多现代人都从那个漫无边际的荒野中找到了自己的影子，看到了自己的人生。人生恰如摆渡，每个人都想把自己摆渡到幸福的彼岸，却常常被人世的烦恼牵绊住脚步，为此就这样来来往往，最终因为爱上一个模糊的人而放弃了对于终极目标的追求。这既是人生的无奈，也是人生的魅力和温度。

早在两千多年前，中国古代的哲学家庄周就曾经做过一个富有诗意的梦。在梦里，他变成了一只翩翩起舞的蝴蝶，身体轻盈，灵魂干净，然而等到梦醒来之后，他依然还是那个老朽的老人，充满着尘世间的烟火气息，污垢满身。庄周对于这个梦印象深刻，因为梦里的一切都栩栩如生，甚至他作为蝴蝶闻到的花香还在鼻翼旁侧流连忘返。为此，他恍然大悟：也许不是我在梦里变成了蝴蝶，而是蝴蝶在梦里变成了我。庄周梦蝶，就这样变成了一个千古以来都无人能解的哲学命题。在近代，也有一位充满诗意的哲人说过，“你站在桥上看风景，看风景的人在楼上看你”。人生就是这样变幻无穷，也常常让人感到匪夷所思。然而，人活着原本就这么辛苦和疲惫，对于想不通的问题不如暂时不要去想，学会放下，这样才能耳清目明，心灵轻松，也才能更加全身心投入生活之中，也才能让自己始终保持着精神的原野，让自己在需要的时候就有地方可以休憩。

和爱的人一起组建一个家

如果你曾经亲自装修过毛坯房，你就会知道装修房子真的是一件劳神费力还导致经济上吃紧的事情，为此，过程中也会因为各种分歧而发生矛盾。但是，假如你能调整好心态，怀着欣喜去面对装修，时刻想到自己是在和所爱的人一起组建一个家，经营一个家，你的心情就会大为改变。

无论时代怎么发展，哪怕你是爱情至上主义者，曾经和爱人进行了彻底的裸婚，但是当你们终于有能力安家的时候，你还是会感到激动。然而，在装修的时候，你所面对的难题是，如今虽然装修的风格多种多样，有欧洲、中式、田园等各种风格，但是这些美都是千篇一律，毫无灵魂的，而你所想要的是一个有温度的家，带着你们的特点，拥有你们的风格。但是作为一个彻头彻尾的文艺女青年，再加上你对于爱巢的无限期许，如果你告诉设计师你想要一个有灵魂、有温度的家，设计师一定一头雾水，因为你视之珍贵的这个家在设计师的眼中只是他千篇一律的一个作品而已。

和所爱的人一起组建一个家，再共同装扮这个家，让这个家里每个地方都有你们的小心思，让每一个来到这个家里的人都感受到你们的独具匠心，想一想就是非常美好的事情。只有这样的家，才配得上是温馨的港湾，才会让在外远航、经历风雨的船只来休憩之后，就再也不愿意起航，或者在起航之后依然牢记着这个港湾，即使不远万里也要奔回来，感受这样独特的温馨和安宁。

家不是一个容器，而是一个有灵魂的地方。只有赋予家一个灵魂，家才会变得生动，拥有昂然的生机。当然，让家有灵魂，最重要的是拥有爱。正如人们常说的，钱可以买来房子，但是买不来家；钱可以买来婚姻，但是买不来爱情；钱可以买来药品，却买不来健康……在如今的时代里生存，没有钱真的是万万不行的，但是有钱却从来不是万能的。没有爱的家，只是一座华丽的房子；有爱的家，哪怕很简陋，也能通过泛黄的灯光传递出爱的暖意。

每个家都如同独立的生命个体一样带有深刻的个人印记，他们有着强烈的个性色彩，也有着鲜明的个性特征，还通过各种各样的细节表现出主人的心灵与灵魂。从这个角度而言，对于一个家来说，最好的设计师是就是主人。要想装修出一个有温度、有灵魂的家，我们就要与所爱的人一起，独具匠心，把家设计好，再亲手付诸实践。这样一来，才能避免家的千篇一律，也才能让家充满爱意，有感情的温度。

每一对心中充满爱的人，总是能够把家装修得非常美好。而当一对自称彼此相爱的人，只装修出一个四壁空空的房子时，则意味着他们的爱也呈现出荒原的状态。爱情，从来不是搭伴过日子，家也不是要成为所有房子千篇一律的模样。用心去爱，用心为爱建造一个家，是每一对真心相爱的人必然要承担起的爱的甜蜜任务。

第09章　善良得体，做一个优雅怡然的美好的女子

一个美好的女子，不但善良，而且非常得体。在面对任何人与事情的时候，她们都能处理得当，因而给人如沐清风的感觉。她们拥有独立的个性、谦和的态度，为人低调不张扬，有内涵却不奢华，总而言之，她们优雅怡然，给自己和他人都带来温暖与正向的力量。

不要盲目跟随潮流，你就是自己的时尚

现代社会，有很多女性都追求时尚。她们为了跟随潮流，总是盲目跟风，别人穿什么，她们就穿什么，还有些女性会跟着喜欢的明星穿衣打扮的节奏，来决定自己的服装风格。殊不知，明星带有光环，再加上有好身材，所以有的明星随便披块布都能被称为是潮流，那么你作为普通人，是否能把同样的衣服穿出这样的效果呢？

在如今的淘宝时代，有很多卖家卖衣服，按理说最喜欢看买家秀，但是他们偏偏最怕看到买家秀，这是因为买家已经把衣服穿得不堪入目，却会喜滋滋地拍了自拍，发到评论区展示，却不知道很多买家在看到他们的秀之后，马上就失去了购买的欲望，

真不知道这是来砸场子的，还是来捧场的，对于卖家而言这样的秀真是有不如没有。

在现在的网络时代，在看到女星机场走秀之后，或者看到女星在某一部影视剧里穿搭出色之后，淘宝上马上就会出同款。那些盲目追求明星效应的女性，既然买不起和女星一样的品牌，就只好退而求其次，买同款的衣服去穿，结果不但失去了自己的风格，而且分分钟就穿出了地摊货的感觉。

实际上，一个真正追求时尚的女性，她们更讲究穿出自己的风格，而不会盲目地模仿他人。毕竟每个人的肤色、身材、气质都不同，虽然说人靠衣裳马靠鞍，但是有的时候是人成就了衣服，而不是衣服成就人。真正至高境界的穿衣打扮，是衣服与人之间相互成就，所以女性穿衣服一定不要盲目追求新潮，或者企图靠着衣服成就自己，而是要从自身的各方面条件出发，有的放矢地选择最适合自己的衣服，从而把衣服穿出神采。

有人说，作为女性，始终都会觉得自己的衣橱里少一件衣服，哪怕是已经拥有很多衣服的女性，在需要郑重出席某个场合的时候，也会觉得自己没有衣服可以穿。这是因为衣服对于女性有着至关重要的意义，也是因为女性对于美丽服装的追求是永无止境的。当然，作为平凡的女性，我们不可能和女明星一样把生活里的每一处每一个时刻都当成秀场，而是要更加慎重选择适合自己的服装，才能搭配出更经典的穿搭，也才能在各种场合里都不掉链子。

有很多女性朋友在追求时尚的时候很盲目，为了用有限的钱为自己购买到更多款式的衣服，她们往往不讲究服装的质地，而是追求款式新颖且便宜。为此，她们虽然购买了很多衣服，但是在有正式场合需要出席的时候，往往觉得自己的每一件衣服都穿不出去。记得曾经有一位中年女性说，“我已经过了可以把地摊货穿出去的年纪了”，所以她不再盲目追求便宜，而是花更多的钱为自己选购一件质地精良、款式新颖的衣服，这样一来，虽然没有那么多的衣服，但是每一件衣服都可以穿得出去。

很多人都说不要以貌取人，不要以穿着等外部条件取人。然而，很多时候，以貌取人并非是一种误区，因为得体适宜的穿搭还代表了对人的尊重。为此，适宜的服装能够有效提升人的气质，也可以让人表现出不同的精神风貌。作为日本的经营之神，松下曾经面临四处找工作却四处碰壁的困境。后来，他想从事电器销售工作，就因为衣着邋遢而被拒绝，为此他借钱为自己购买了一套得体的西装，又根据招聘者的要求去参加电器培训，这样才能够成功地进入电器销售领域，最终也创造了日本的经营神话。

在这个看颜值的时代，作为职场女性，不但要穿着得体的衣服，也要拥有适宜的妆容，这样才能第一时间给别人留下更好的印象，才有助于生活和事业的开展。从这个角度而言，对于女性朋友而言，知道什么是最适合自己的，能够坚持自己的风格，成就自己的时尚，让自己在所谓的潮流中拥有更高的辨识度，这才是最重要的。

穿上高跟鞋，你就变得特别美好

很多爱美的女性都喜欢高跟鞋，这与那些追求随性、舒适与自由的女性喜欢穿着运动鞋是截然不同的选择。为此，从鞋跟的高度来进行区分，把女性分为两大类，一类是无法拒绝高跟鞋的女性，一类是无法拒绝运动鞋的女性。从舒适的角度而言，当然是穿着运动鞋更加舒适合脚，但是从美观而言，当然是当之无愧的高跟鞋才是最有魅力的，也最美丽、最性感的。穿上高跟鞋，即使身材并不那么完美的女性，也会马上挺胸抬头，变得仪态万千。所以有人说高跟鞋是一种诱惑，不但对于爱穿高跟鞋的女性是一种诱惑，也让女性变得更加性感成为对男性的诱惑。

作为女性，如果你想让自己变得仪态万千，在他人面前展示更加优雅的姿态，也在男性面前变成一个独具性感魅力的女人，你就一定要驾驭高跟鞋。因为高跟鞋改变的不但是你的姿态，甚至还改变了你在整个世界面前呈现出来的态度。从扔掉平底鞋穿上高跟鞋的一刹那开始，你就从慵懒变得精致，就马上变得身姿挺拔，拥有了更多的自信。正是因为如此，才有那么多的女性深深地爱上高跟鞋而无法自拔，也始终沉浸在高跟鞋的诱惑之中。

爱穿高跟鞋的女性，对于生活有着更加狂热的爱，为了穿上高跟鞋让自己焕发出独特的魅力，她们甚至不得不忍受脚部变形的痛苦，忍受锥心的痛。然而，这就是美丽的代价。在这个世界上，没有任何东西是可以凭空掉下来的，所以为了爱美，女性也必然要付出代价。很多女性都羡慕女明星的好身材、好皮肤，却不知道女明星对自己有多么狠。记得有一位女明星十几年没有吃过晚饭，还有的女明星吃大米都是按米粒去数的。你能想象一顿饭只吃十粒米的日子吗？如果你不能坚持去节食，就不要抱怨自己的一身赘肉。在生活中，不管从哪个方面来说，付出与回报都是成正比的。

穿上高跟鞋的女性总是瞬间就神采飞扬，顾盼生姿，穿上高跟鞋的女性也总是拥有充分的自信，觉得整个世界都被自己倾倒。可以说，在这个世界上没有任何东西会比高跟鞋更让女性怦然心动，也更能够代表女性的魅力。当然，能否驾驭高跟鞋，能否坚持忍受最初穿上高跟鞋时如同脚部受刑的感受，则取决于女性对于美的追求能够付出多少。每一个女性是否有天然的美丽取决于父母的遗传因素，但是是否具有后天的美丽，则取决于对美的追求。然而，一个美的女人终究是让人赏心悦目的，人的本能也是对美趋之若鹜。从现在开始，就打造属于自己的美丽吧！当然，如果你实在不愿意穿高跟鞋，而喜欢穿运动鞋的灵动与洒脱，那也同样可以呈现出自然的、充满活力的美！

女人不会化妆是不行的

在这个每个女人都带着精致妆容出现的时代里，你可以不化妆，坚持素面朝天的美，但是你却不能不会化妆。换而言之，会化妆的女人可以不化妆，但是不会化妆的女人就像失去了女人赖以生存的一项特殊技能一样，总是心中没有底气的。终究，生活中总有些隆重的场合需要你盛装出席，而在这些场合里，不化妆很有可能被认为是没有礼貌的表现，为此你也就很容易失去他人的认可和尊重，这将是损失惨重的。

一个从来不会化妆的女人，总是显得有些过于粗糙了。虽然说女人也要有巾帼不让须眉的豪情，但是这与享受精致的生活并不冲突。在化妆的过程中，女人对镜梳妆，描摹美眼，装点腮红，总是会对自己油然而生怜悯之心，疼惜之意。从这个角度而言，如果女人从来不会化妆，似乎对于自己也就显得不那么重视，不那么珍惜了。尤其是在如今这个看颜值的时代里，女人可以不美丽，因为容颜是天生的，无法改变，但是当化上淡妆，就会让自己呈现出不同的精神状态，整个人也有精气神的提升。如果说岁月是把杀猪刀，摧毁女人原本美丽的容貌，那么化妆则具有神奇的魔力，让女人瞬间就可以提升自己，给人留下良好的印象。

很多人都把女性化妆提升到了很高的高度，甚至有人说女性如果不会化妆，就没有未来。当然，这样的话也有些危言耸听了，毕竟有些女性不化妆，也依然生活得很好。但是归根结底，女性掌握化妆的艺术，还是很有必要的。一个女性对于自己有着精致的态度，让自己充满自信，这样才能更好地面对人生，也才能成就更美好的自己。

在特别注重礼仪的西方国家，女性化妆被视为礼貌的表现。在英国，曾经有专门的形象公司对于女性进行调查研究，发现不化妆女性的收入远远低于那些爱化妆女性的收入。在如今中国的职场上，也有很多公司明确要求女性职员必须化妆，尤其是在服务性行业中。

很多女性都很崇拜成功女性的代表杨澜，那么就会发现，杨澜的妆容是也特别精致的。杨澜不但坚持完美底妆，而且喜欢选用饱满纯色的口红。为了表现出精明强干的女强人形象，她的眉形会上挑，表现出她强大的气场。同作为成功女性，董卿因为是主持人，要经常面对观众，所以她的眉形就是经典的柳叶弯眉，看起来不那么咄咄逼人，反而更加具有亲和力。此外，董卿更喜欢选用接近唇色的透明唇膏，这让她显得更容易亲近，也更加真实自然，所以有利于她与嘉宾互动。由此可见，要想拥有精致得体的妆容，不但要考虑到自身的自然条件，还要考虑到职业的需要。只有最适宜自己的妆容，才能呈现出最完美的状态，作为女性，可以不化妆，但是一定要会化妆，这样才能在需要的时候呈现出自身的完美形象。

在关键时刻要绽放自己

尽管大家一直主张不要以貌取人，但是不可否认的是，当一个人衣衫褴褛、蓬头垢面时，人们总是情不自禁地关注他的形象，而忽略了他所谓的内在美，甚至还有的人会对他心生反感，导致他根本没有机会展示出更有深度的内涵。而当一个人衣着得体、妆容精致的时候，人们才会更加关注他。这样的得体衬托，会让他有机会向着别人呈现自己，也让他更加凸显出自己内在的美丽和魅力。所以说，得体的着装和完美的想象，在如今更像是我们推销自己的敲门砖一样，它很重要，因为没有它的铺垫，帮助我们给他人留下良好的第一印象，我们就会失去很多机会。

在现实生活中，也许大多数人过的都是寻常的日子，因而并不会像那些光鲜亮丽的明星一样时时刻刻都在走红毯。但是总有些时刻，是非常重要的，是需要我们重磅呈现自己的。如何在这些关键时刻绽放自己，尤其是女性，一定要做好准备，才能更加隆重地推出自己，也才能为自己赢得更多瞩目。

对于女性而言，能够在重要的场合里穿对衣服，是很重要的，也是很难做到的。每年的奥斯卡奖颁奖典礼，都是全世界知名女星的秀场。为此，总有女性穿得光彩照人，也总有女性穿得让人吐槽，被黑。由此可见，即使作为有专业服装设计团队的女星，也未必能把每一次隆重亮相的衣服都穿对，那么作为普通女性，就更应该在穿衣打扮的时候多多用心。

当然，穿衣服不但要因人而异，还要考虑到场合的需要。例如在职业场合，最好穿着得体的职业装，如果觉得深色过于沉闷，那么在场合允许的情况下，也可以穿一些淡雅的颜色。在喜庆的场合，可以穿着色彩鲜艳的衣服，但是注意如果是要参加婚礼等，就不要喧宾夺主。记得有一次赵丽颖参加姐妹的婚礼，就穿着素雅颜色的小礼服，非常低调，就像普通的嘉宾一样，这是为了避免抢了新娘子的风头，也正因为如此用心，赵丽颖才有好人缘。如果是在平日里朋友聚会的时候，则可以穿着休闲，以舒适为主。但是如果作为主角出现，例如是新娘子，那么无论多么奢华都是可以的，只需要考虑适合自己、凸显自己即可。有些女性非常自我，总是喜欢每时每刻都凸显自己，甚至会穿着非常正式的礼服去上班。不得不说，礼服不但不适合办公室里的环境，还会导致遭到办公室里其他同事的诟病。所以作为女性，选择得体的服装不但要适合自己，而且要适合特定的场合。

每个女性都是一朵娇艳的花朵，在关键时刻，一定要绽放自己，才能得到他人的认可与欣赏。作为女性，既要避免过度张扬，也不要一味地低调，毕竟生活虽然不是一场秀，但是却常常会有需要秀出来的时刻。作为女性，一定要大胆勇敢，我型我秀，才能活出独属于自己的精彩。

要相信自己配得上职场女精英的形象

对于大多数容貌普通的女性而言，要想做到倾国倾城根本不可能，这是因为容貌是爹娘给的，是一出生就注定的，而且也不是每一位女性都能冒着毁容的风险去整容的，为此，她们注定只能容貌普通，也许只凭着容貌丢到人堆里都看不到。但是，后天还有很多可以提升精气神的方法，能够帮助女性塑造独属于自己的形象，打造强大的气场，这对于女性而言将会是脱胎换骨的改变。

如今，女性能顶半边天。女性再也不会只留在家里相夫教子，而是和男性一样在职场上打拼，拥有自己的事业天地。为此，当好职业女性，是很多女性的梦想，她们更希望自己不但有成功的事业，而且能成功打造职场女精英的形象，从而让自己看起来干脆果断、精明干练，拥有强大的气场。

对于每一个职场女性来说，她们在家庭生活中依然是温柔的妻子和贤惠的妈妈，但是一旦走入职场，她们就要变得强大起来，既要拥有出色的工作能力，也要拥有果断的决断能力，唯有如此，她们才能在职场上呼风唤雨，也才能彰显出自己超强的工作能力。当然，角色的改变，要求女性在形象方面也要用心打造自己。要想看起来像一位职场女性，就要学会职业性的装扮，例如要穿有职业气息、质地精良且有品位的职业套装，这样的装扮可以瞬间提升女性的气场，再加上得体的妆容，女性马上就会呈现出完美的职业形象。此外，除了表面上的武装之外，女性还要拥有专业的学识和气度，从而呈现出由内而外的职业素养。

作为职业女性的代表和楷模，杨澜常常得到众人的关注，她的成就也得到了很多女性的羡慕。杨澜美丽聪慧，充满魅力，而且她的职业着装向来让人无懈可击。在职业场合，杨澜会选择米色衬衫，还会搭配简约精致的装饰品，也会佩戴一些相得益彰的首饰。在需要穿套装的时候，杨澜也很少穿着深色套装，而是常常穿着浅色套装。在这种完美的搭配下，杨澜的职业气质很好地散发和表现了出来，也给了杨澜更好的展示。作为现代社会的职业女性，不但要通过努力打拼提升自己的职位，也要更加用心地搭配服装，这样才能由内而外散发出自信从容的美。需要注意的是，职业着装的重点是干练稳重，而切勿过分性感，否则就会让人产生很糟糕的感受。如果说端庄优雅的女人是一首美丽的诗，那么当女人在不适宜的场合表现出性感，则会给人带来轻浮的感觉，这也是职场上的忌讳。

作为女性，在职场上打拼，一定要相信自己配得上职场精英的角色，要给自己选择得体的服装、精致的妆容和有品位的小装饰。职业女性的魅力是由内而外散发出来的，是真正的内心强大，专业超群，所以才能在职场上游刃有余，淡定从容。

有个性的人，也可以很有教养

很多人以猎奇当作个性，总觉得自己一定要肆意张扬，才能彰显个性。实际上，一个人可以有个性，但是不能没有教养，或者说真正有个性的人，也是很有素质和涵养的。正因为如此，他们才能表现得特立独行，也能表现得文质彬彬。

作为女性，未必会有美丽的容貌，因为容貌是爹娘给的，是无法改变的，但是没有关系，因为女性的美丽不仅仅表现在容貌方面，还表现在教养上。只有一个女人有教养，就像是涓涓细流，才能给身边的人带来清风拂面的感觉，才能散发出自身独特的魅力。

有的人为了吸引别人的关注，总是故意表现出与众不同的样子，而对于自己却没有很好的管教和约束。不得不说，这样的肆意和张扬，并不是个性，而是没有礼貌、缺乏教养的表现。真正有礼貌的女性，不卑不亢，在任何场合里都能做到落落大方，都能够表现得如同一株幽兰散发出芳香，而自己却不因此而骄傲，似乎对于自己浑然天成的美浑然不知。

有教养的女人对人很宽容，并且心怀善良，也常常因为对于世事的通达而性情温和，即使在面对很糟糕的境遇时也能够从容应对。有教养的女人懂得尊重他人，所以才能赢得他人的尊重，表现出自己出类拔萃的一面。尤其是在别人很尴尬的时候，她们还会主动为他人打圆场，从而把他人和自己都从难堪之中解救出来。

当然，一个人的教养并非是与生俱来的，而是在后天成长的过程中持续地提升和完善自己，才渐渐养成的。教养是一种习惯，只有有好习惯的女性在生活中才能呈现好的教养；教养是一种气度，有教养的女人对于事情不斤斤计较，和朋友相处慷慨热情，也不会随便就把别人置于尴尬境遇之中。所以，教养也是与人为善，与己为善。

对于职场女性而言，如果一味地咄咄逼人很容易让人误以为没有教养，只有学会设身处地为他人着想，在他人需要的时候伸出热情的援手，才能更加积极地表现内心的柔情。民国才女张爱玲才华横溢，因为从小出生在贵族家庭里，所以不但受到传统文化的熏陶，也有机会接受西方的先进教育，为此她小小年纪就深谙中西方礼仪，在待人处事方面表现出极高的涵养和教养。从张爱玲塑造的很多生动的人物形象中，我们对于张爱玲的教养也可见一斑。

有教养的女人还非常注重生活的细节。很多女人豪气干云，自以为和男人一样可以支撑起半边天，却忽略了作为女性该有的教养。从性格的特点去进行分析，大多数男性都偏向于粗线条，而女性则偏向于细腻、谨慎。为此作为一个有教养的女人，既要巾帼不让须眉，也要有着温婉细腻的心，关注到生活的细节，并能始终把细节做到最好。

很多男性都意识到，母亲对于一个家庭的影响非常大，甚至还会影响整个家族的命运。这是因为女性更多地主持家务，教育孩子，对于整个家庭生活的维持都有着至关重要的作用和影响。那么一个母亲若有教养，她培养出来的孩子也会彬彬有礼，温文尔雅，整个家庭也都会拥有非常和谐愉悦的氛围。作为女性一定要记住，可以有个性，更要有教养，只有当一个个性和教养兼具的女性，才能在人生之中出彩出色。

当你气场全开，就能赢得世界瞩目

现实生活中，总有些人会情不自禁地露怯，因而在做很多事情的时候，他们都会畏手畏脚，不知道如何从容地展示自己。有些人则恰恰相反，他们有着强大的气场，在不经意间就会表现出很巨大的力量，感染和影响身边的人。那么，气场到底是什么？如何才能形成气场呢？

从本质上而言，气场是一个人的能力、气质等各个方面的综合表现。这也就意味着，一个人必须面面俱到地发展，才有可能打造自身的气场，尤其是要有坚强的内心，有达观的人生态度，也有明确的人生意境。作为女性，要想把自己打造成一个有气场的人，显然需要付出加倍的努力。现实生活中，很多女性觉得自己没有强大的内心，没有美丽的容貌，更没有得到命运的眷顾，所以常常会妄自菲薄。其实，容貌、身材、家世等都不是最重要的。要想让自己有气场，就一定要有一颗强大的内心，要相信自己，也要激发自己内心的力量。

在很多公众场合，女性的气场如何表现出来呢？除了各种琐碎的细节之外，最重要的一点，那就是走路的姿态。对于女性而言，走路的姿态能够彰显出气质，也能表现出内心，因此拥有良好的步态是至关重要的。很多女性虽然长相俊美，但是一走路就会摇头摆尾，或者弯腰驼背，这样的女性是没有气场可言的。很多女性都特别崇拜空姐，就是因为空姐接受过仪态的培训，而且在飞机上狭窄的空间内要想走出仪态美，就要达到更高的要求。

在现实生活中，很多女性更多地关注自己的妆容、着装，而无形中就会忽略步态。实际上，不管脸蛋多么漂亮，妆容多么精致，服装多么昂贵，如果没有良好的步态，这一切就会黯然失色。从本质上而言，步态是一种无声的语言，彰显着女性的魅力。在中国古代，人们就非常看重步态，认为步态与女性的美是密切相关的，为此才会有那么多的传统女性裹上小脚，就是为了让自己在走路的时候能够弱柳扶风，摇曳生姿。当然，裹脚是封建思想，对于女性的身体健康是不利的，呈现出来的也是一种病态的美。现代社会的女性要更幸运，她们不需要忍受裹脚的痛苦，而可以自由地选择穿高跟鞋还是平底鞋。很多女性都会发现，那些美丽时尚的女性，全都特别追捧高跟鞋，这是因为高跟鞋不但可以让身姿更加挺拔，也可以让步态变得非常优美。

作为女性，在走路的时候还要注意脚步的轻重。很多女性走路的时候发出沉闷的响声，实际上就是走路姿态不正确导致的。由此可见，要想成为一个优雅的女性，的确很不容易，必须全方位打造自己，才能让自己变得更加接近于完美。

细节的魅力才能铸就永恒的优雅

一个注重细节的女人，才能获得真正的美丽优雅。细心的朋友们会发现，在现实生活中，很多女性顶着一张浓妆艳抹的脸，但是脖颈的皮肤却非常粗糙，而且肤色暗淡，与面部如同抹了石膏打了蜡一样美得几乎不真实的脸，形成了鲜明而又强烈的对比。这样的不完美，是女性只关注面部妆容，而忽略了裸露在外的脖子处也同样需要修饰的原因。除了把面部与脖颈脱离之外，还有很多女性虽然注重给面部化妆，却也会在不知不觉间忽略对于手部的修饰。这样一来，女性的面容和手部也无法很好地衔接起来，给人造成粗糙的感觉。

一个真正优雅的女性，一定要非常注重细节，这样才能打造出完美的感觉。不管是脖颈还是手部，亦或者是其他身体部位的装饰，对于完美的女性而言都是不容忽视的。举例而言，如果一位女性穿着漂亮的时装，但是却穿着一双邋遢的鞋子，那么她们的美就会瞬间大打折扣。

对于女性而言，化妆是一门必须掌握的技术和艺术，一个优雅的女性必须能够把自己的脸当成调色盘，在脸部进行优美的着色。与此同时，女性也要学会搭配，才能把自己的美经营得更加面面俱到。搭配，是一门艺术，也是美的哲学。在搭配的过程中，女性会表现出自己对于美的领悟和洞察，也会表现出对于生活深刻的理解和呈现。

实际上，很多女人距离优雅只有一步之遥，那就是是否注重细节。一个真正美丽优雅的女性，会全力以赴关注细节，她们对于细节的重视程度，甚至比对于整体的美还要高。所以女性不要只梦想着变得优雅，而是要真正展开切实的行动，来让自己变得优雅。记住，只有美丽的容颜是远远不够的，作为女性，一定不要只注重大多数人都非常注重的表面，也要更加注重很多人都不曾留意的细节。唯有让自己的美丽无懈可击，才能更加从容地面对生活和工作，也才能全力以赴打造自己的完美形象。

看到这里，你有没有想起一句广告词：钻石恒久远，一颗永流传。钻石之所以价值昂贵，除了因为钻石本身的质地之外，与精细的打磨也是分不开的。一颗造型良好、熠熠生辉的钻石，一定会经历无数次打磨，才能最终呈现出完美的样子。同样的道理，女性要想成就永恒的优雅，也要注重从细节方面打磨自己，才能不断地发掘自己更加令人瞩目的闪光点，最终让自己以恒久的稳定性，表现出优雅沉稳的人生。

心胸开阔的女子独具一格

有人说，女性的心比针尖还小，有些女性总是纠结于各种不值一提的小问题，直至把自己逼入生活的死角。实际上，并非每一个女性都是小心眼、思想狭隘、视野狭窄的，也有很多女性虚怀若谷，心胸开阔，因而在人生的过程中大开大合，别具一格。除了狭隘之外，还有一些女性特别容易骄傲，她们惯常会犯的错误不是妄自菲薄，而是妄自尊大。为此，女性还应该怀着谦虚的态度，努力学习和进取，从而才能保持日日常新，也才能在成长的道路上始终砥砺前行。

奥古斯丁曾经说过，一个真正有智慧的人，是能够勇敢承认自己的无知的。的确，对于每个人而言，最可怕的就是不懂装懂，就是在成长的道路上迷失自我。古人云，人贵有自知之明，古人又云，一日三省吾身。这些古训都要求我们必须时刻反省自己，知道自己哪里做得好、哪里做得不好，才能有的放矢地改进自己，督促自己成长。

相比起骄傲自满的女人，一个谦虚低调，也勤于学习的女人，显然是更容易得到人们喜爱的。在这个世界上，没有谁是无所不能的神，因为最重要的在于坚持学习，怀着求知若渴的精神努力进取。

当然，女性还应该更加宽容。正如有一句话所说的，宽容别人，就是宽宥自己。在现实生活中，牙齿还有咬到舌头的时候呢，更何况是人与人之间相处呢？所以在人际相处之中，很容易就会发生矛盾，在这种情况下不要一味地抱怨他人，也不要对于他人提出过分苛刻的要求。只有宽容他人，我们才能处理好与他人的关系，也才能以合适的方式对他人提出合理中肯的意见，这是很重要的。

大名鼎鼎的教育家徐特立曾经说过，一个人不应该在任何时候自满，否则就会停止学习，导致生命止步不前。一个人，只有勇敢地接受批评，对自己进行虚心的批评和自我批评，才能从谏如流，从而让自己在精神上获得更好的成长和发展。

常言道，金无足赤，人无完人。每个人在成长的道路上，一定要更加谦虚，才能努力进取。否则，对于一个已经装满水的杯子，是无法再装入水的。作为女性，我们更是要端正态度，坚持学习和进取，这样才能在成长的过程中不断地激发自身的力量，让自己真正拥有充实的心灵和强大的内心。

很多女性朋友对于女性的特点有所误解，觉得作为女性，就应该是娇滴滴的，而且表现出胆小、柔弱、较真、任性等特点。其实，这样的一些特点只能得到父母的包容，而一旦走出家庭，走入社会，没有任何一个人会无条件地包容其他人。作为女性，不要等到不被原谅和包容时再去改变自己，与其等待被动地改变，还不如调整好心态，积极地去改变，这样才能让自己做好准备，迎接人生的展开。

当一朵花，绽放芬芳

记得一本书里，对男孩和女孩进行了非常独特的描述，说男孩是邪恶的小狗，是惹人生厌的蛤蟆，而女孩是蜜糖，是一切美好的事物。由此可见，对于男性和女性，人们有着本能的分辨，总觉得男性是不那么优雅的，是粗线条的，而女性则是非常优雅美好的，也是温和细腻的。

大多数女性都喜欢鲜花，为此很多男性在追求女性的时候会采取鲜花攻势，这是因为几乎没有任何女性可以拒绝鲜花的诱惑。为何女性这么喜欢鲜花呢？大概是因为鲜花和女性的本质最为接近，都是非常美好的，也带着芳香的气味。《诗经》中，就曾经对女性进行过非常美好的描述，“巧笑倩兮，美目盼兮”，这句诗告诉我们女人的笑容比花朵还要美丽。就连梅艳芳也曾经深情地唱过《女人花》，把女人如花的心境很好地表达了出来。

女人如花，这只是大多数人对于女人的感受，但是作为一个女人，如果真的想把自己活成一朵花，却是很难的。当然，变成一朵花也是有捷径的，那就是微笑装扮自己，让自己的人生绽放。在如今的时代里，人与人之间的关系变得很冷漠，这是因为生存越来越艰难，竞争越来越激烈，每个人都忙着经营自己的生活，没有更多的时间与他人沟通感情，交流信息。那么，打破人与人之间的坚冰是什么？

试想，如果你同时面对两个人，一个人面带微笑，而另外一个人表情严肃，明显表现出拒人于千里之外的样子，你会选择和谁说话？你一定会先和那个面带微笑的人搭讪。这就是微笑的魔力，尤其是发自内心的微笑，能够瞬间拉近人与人之间的距离，也会消融人与人之间的坚冰。所谓伸手不打笑脸人，就是告诉我们笑容的神奇魔力。

对于一个容貌美丽的女性而言，笑容无疑是锦上添花；对于一个长得不是很漂亮，但是却以笑容来装扮自己的女性而言，这样的笑容是最强有力的亲和力。一个女人笑得好看、温暖，是很重要的，不但可以打造自身的魅力，也可以让自己更加得到他人的认可和赞赏。所以女性朋友一定要学会以笑容装扮自己，要记住，你的笑容世界无敌。

曾经有人说，爱笑的女孩运气总不至于太差。其实，这是因为笑容是一种最友善的语言，世界通用，哪怕是不同国家和民族，语言不通的人在一起，只要面带温暖的笑容，就可以于无声之中建立良好的关系。一个发自心底绽放笑容的女孩，还可以得到命运的青睐和馈赠，这是因为她们对着外界发射出友好的电波，所以自然能够收获他人馈赠的美好。

笑容，是人与人之间最好的友好讯号，即使面对陌生人，笑容也会打消寒意，消除隔阂，更可以在人与人搭建起心与心沟通的桥梁。每一个空姐在上岗之前都要接受培训，微笑时露出八颗牙齿，这是因为心理学家经过研究发现，笑不露齿不能表现出十足的友好，只有露出八颗牙齿的微笑，才是更加让人感到温暖和友善的笑容。女性朋友们，就用笑容把自己变成一株美丽芬芳的花朵吧！

当一个如同阳光般明媚温暖的女子

有的女性总是表现出高高在上、曲高和寡的样子，因而她们给人的感觉是冷漠，是不可亲近。这样的女性尽管看起来清高孤傲，实际上常常感到寂寞孤独，在她们为自己呈现出来的自我保护的面孔之后，隐藏着一颗不安的心。而有的女性则给人特别温暖的感觉，她们很友善，也很和气，在与人相处的时候，从来不斤斤计较，更不会因为自己的固执给别人增加麻烦。而且，她们还特别善解人意，总是能够设身处地为他人着想，会站在他人的角度来思考问题，这样的女性是人人都很愿意亲近的，因为她们如同阳光一般明媚温暖。

看到这里，也许有女性朋友会抱怨：要想成为一个非常优雅知性、明媚优秀的女性，真的太难了。的确很难，那么试问，这个世界上做什么事情不难呢？更何况是改变自己，突破和超越自己，成就自己？原本，每个人最大的敌人就是自己，可想而知重新塑造自己有多么难。

有人说，相由心生，其实是有一定道理的。很多看起来尖嘴猴腮的人，总是有着阴暗的心。同样的道理，如果一个人内心明媚温暖，心胸开阔，那么他们的容貌也会在岁月的流转中发生改变。所以当一个有温度的女性，不但是为了精神和感情上的慰藉，也是为了获得人生更加丰厚的馈赠。

人生不会总是如意的，每个人都会面临各种各样的困境，也会遭遇生活的重重磨难。在这种情况下，一味地抱怨或者沮丧绝望，并不能对改变现状起到积极的作用。与其浪费宝贵的人生光阴去做毫无意义的事情，不如勇敢地面对，打开自己的心扉，积极地改变。

不可否认，现代社会有很多坏人，而且他们的脸上没有写字。常言道，害人之心不可有，防人之心不可无，所以作为女性，一定要有保护自己的意识，但是这并不意味着女性一定要把每个人都当成坏人，并且总是以最坏的恶意去揣测别人。佛祖说，你心中有什么，就能看到什么。既然如此，女性应该在形成安全意识之后，在相对安全的范围内，尽量怀着善意去看待他人，也给予他人善意的对待。世界以痛吻我，我却回报以歌，当身边充满温暖的善意，你还会以恶意面对世界吗？反过来，也是一样的道理。所以就让我们做一个内心美好、温暖善良的女子吧！

第10章　宠爱自己，不必做一个人人都喜欢的姑娘

在这个世界上，即使你拼尽全力去改变，也无法让所有人都对你感到满意。这是因为仁者见仁，智者见智。一千个人眼里有一千个哈姆雷特，所以一千个人眼里也会有一千个你。既然无论怎么改变都不能让自己获得所有人的满意，我们又为何要在盲目的改变中失去了坚持做自己的勇气呢？最重要的是宠爱自己，活出最真实的自己，这才是人生中最大的成功。

这个世界上，没有人是傻子

如果你以为自己很聪明，可以欺骗很多看似比你更聪明的人，那么恭喜你，你已经进入了人际交往的怪圈，也陷入了自我认知的误区。当一个人自以为聪明，就意味着自以为是的危险已经来临。要知道，在这个世界上，没有人是傻子，你之所以能够欺骗那些比你更聪明的人，往往是因为那些人很愿意相信你。你利用他们的信任，只可以欺骗他们一次，你一旦失去他们的信任，就连靠近他们都不可能。所以作为一个真正的聪明人，不要自以为聪明，也不要盲目浪费别人对你的信任和善良。

众所周知，诚信是一个人立足人世的基础，所以在成长的道

路上，一定不要随随便便就失去别人的信任，而是要像保护自己的眼睛一样去珍惜别人的信任，爱惜自己的名誉。秦国时期，商鞅要推行变法，为了获得人民的信任，树立自己的权威，他派人在城门外立了一根木棒，并且说谁能把木棒扛到另外一个地方，就可以得到价值不菲的赏金。对于这样一个简单的任务和价值不菲的赏金，人们一开始根本不愿意相信。为此，商鞅把赏金翻倍，这才有一个人抱着试试看的心态把木棒扛到了指定的地方。商鞅当即派人捧着赏金送到了这个人的家里，那些围观的人群中这才相信商鞅所说的话。正是立木取信之后，商鞅才赢得了民众的信任，也才能保证新法的顺利推行。

每个人，都要靠着诚信才能在这个世界上生存。尤其是在如今讲究信用的时代里，一个失去诚信的人，简直寸步难行。如今，法院里会把那些不愿意执行判决的人纳入老赖的名单，一旦变成老赖，就不能乘坐飞机、高铁等方便快捷的交通工具，给生活和工作带来了很大的不便。

众所周知，如今的房产价值越来越高，所以但凡能够拿得出首付的人，都会想方设法去买房。但是，如果你的信用卡曾经存在恶意逾期，而且次数众多，那么对不起，银行是不会把钱借给你用的，这样一来，你无法从银行贷款，只有首付根本买不到房子。可想而知，你的买房大计会受到影响，甚至耽误了为自己安一个家。当然，这些都是从政策规章等层面对那些不守信用的人展开的惩罚。对于每个人而言，最重要的是口碑，如果在熟悉的人之中失去口碑，成为人人唾弃的老赖，则后果更加严重。

作为女性，要和男性一样顶天立地，更要端正自己的人生态度，让自己可以做到尊重每一个人，对每一个人诚实守信，这样才能得到更好的机会发展人脉关系，在生活和工作上也将得道多助。

需要注意的是，我们既不要把别人当傻子，也不要被别人当成傻子对待。当那些人把我们当成傻子对待的时候，我们就不需要再表现出谦和低调，而是应该奋起反击。这样的自我捍卫是完全有必要的，它可以帮助你避免人善被人欺的困境。在生活中，不管对待谁，我们都要保持不卑不亢的态度，既维护自己的合法权益，也不要伤害别人。记住，任何良好的人际关系都建立在相互尊重和平等对待的基础上，只有坚持这个原则，才能建立和维护良好的人际关系。

过于懂事，让人生不堪重负

很多父母在夸赞自家孩子的时候，总说孩子非常懂事。的确，孩子懂事，对于父母而言是一件好事情，因为懂事的孩子更听父母的话，也能够体谅父母的辛苦。但是对于孩子而言，太早懂事，或者过于懂事，真的好吗？孩子原本处于人生中无忧无虑成长的阶段，当太过于懂事，他们的内心就会感到非常沉重，也会因此变得心事重重。尤其是很多父母很少站在孩子的思维立场上考虑问题，导致不知不觉中就会将成人的思维方式套在孩子身上，在有了为难的事情或者麻烦事情的时候，也会向孩子倾诉，这就会给孩子带来巨大的压力。从这个角度而言，孩子过早懂事、太过懂事都是不好的。孩子的成长有自身的规律和节奏，父母要尊重孩子的生命发展过程，不要让孩子的人生有太多重负。

很多女性朋友也总是忧心忡忡，对生活倍感沉重，这也是因为过度懂事导致的。成功学大师卡耐基曾经说过，每个人所担忧的事情大多数都不会发生。这就告诉我们，大多数人的忧虑根本毫无意义，与其为了这些事情而紧张烦恼，还不如学会放下忧虑，让人生变得更加轻松。

在爱情的关系中，那些贤妻良母型的女孩，往往不会得到男人的疼爱和宠溺，反而是那些看似不讲道理、总是撒娇任性的女孩，在爱情之中被宠爱成了公主。这是为什么呢？过于懂事的女孩抱怨命运不公，也觉得自己遇人不淑，实际上，正是她们的过于懂事和体贴把男朋友惯坏了。当女孩总是宽容忍让、理解体贴男朋友的时候，日久天长，男朋友就会把女孩对于自己的付出全都当成理所当然，他们甚至觉得自己面对的是妈妈、姐姐，而不觉得是需要捧在手心里呵护的宝贝。所以女孩要想被男友呵护和疼爱，就一定不要对男孩过于迁就。

女孩要学会示弱和撒娇。如今的时代里，很多女孩自以为能够顶起半边天，无形中就会变得非常强势和咄咄逼人。殊不知，男人是被用来需要的，不是被用来呵斥和命令的。当女孩适时表现出柔弱的一面，男孩自然就会变得更加高大威猛，成为当仁不让的护花使者。女孩尤其要学会撒娇。很多女孩总是非常强势，骄纵任性，却得不到男友的让步，就是因为她们不会撒娇。爱撒娇的女孩，才会更加得到男友的宠溺，变成一只真正被宠坏了的、幸福的小猫咪。

看到这里，相信有很多女性朋友都感到困惑：作为新时代女性，我们到底是要更加强势，还是要更加温柔和软弱呢？需要注意，不管是强势，还是温柔软弱，都不是一成不变的。例如女孩在工作中需要独当一面，那就要强势，就要以更加强大的姿态与对手斡旋。然而，再强势的女孩也会恋爱，也会结婚，面对自己所爱的男性时，不如适时地求助和撒娇，学会以恰当的方式示弱，这样才能得到男性的怜惜。英国的伊丽莎白女王在政权上独当一面，但是她归根结底是个女人，所以在丈夫面前她的身份就是妻子，就是一个爱美丽、会撒娇，也擅长示弱的女人。正因为如此，她才能在铁腕政治之余，经营好婚姻，获得每一个女人都梦寐以求的幸福。

细心的朋友们会发现，很多职场上的女强人，在婚姻生活方面都不是很幸福。这到底是为什么呢？是因为女强人不够优秀吗？当然不是。归根结底，是因为女强人不解风情，不会撒娇和示弱，不会给男人机会表现出他们的强大。作为女人，要想获得幸福，一定要更加准确定位自己在婚姻生活中的地位，不管在外面多么叱咤风云，一旦回到家里，都要学会小鸟依人。唯有如此，女性才能获得理想中的幸福，也才会拥有美满的婚姻。作为女性，你一定要记住，偶尔，你可以不懂事，可以骄纵任性，只要是在爱你的那个人面前，他就会呵护你、宠爱你，让你感觉自己真的是一个美丽而又骄傲的公主！

以爱为名，要学会付出

现代社会有很多怪象，父母以爱的名义，打着爱的旗号，要求孩子必须努力认真地学习，不允许孩子有任何休息的时间，美其名曰为了孩子好。实际上，这样的爱对于孩子而言是沉重的负担。曾经有心理学家提出，如今之所以有青少年选择轻生，实际上就是因为不堪重负。爱，是人世间最神圣的感情，也是人世间最沉重的负担。有人说爱是生命不能承受之重，其实是有道理的。

女性的感情是更加细腻丰富的，为此，女性的爱也往往汹涌澎湃。很多女性的感情都非常深厚且灼热，她们不但对于爱情全身心投入，对于孩子的爱也更加无私。实际上，爱是要有所保留的。因为无私的、如同飞蛾扑火一般的爱，以及失去自我的爱，都会让被爱的人产生沉重的心理负担。所以明智的女性会对爱有所保留，也会适度地去爱，这其实是爱的智慧。

付出不一定是越多越好，甚至到达忘我的程度，让接受爱的人感到害怕，觉得自己无以回报这份爱，这种爱是不合理的。然而，这个世界上没有任何付出是绝对无私的，父母对孩子的爱虽然不奢求孩子回报父母，但是却希望孩子有更加美好的、充满希望的未来。这同样是有所求。为此。很多父母在看到孩子在学习上不上进，长大之后人生也不如意的时候，尤其是妈妈，一定会数落孩子辜负了自己的期望。

除了在家庭生活中无私付出之外，女人对于爱情往往也怀着忘我的态度。她们对于所爱的男性付出一切，甚至愿意留在家庭里默默无闻地当家庭主妇。一旦男性飞黄腾达，对于感情不够忠诚，或者是在家庭生活里的表现没有符合女性的预期，女性马上就会如同祥林嫂一样喋喋不休，怨声载道。这样的付出，也是有所求的。

作为女性，当意识到所有的付出都有所求之后，就不要总是以爱的名义来进行看似无私的付出，记住，适度付出，在爱丈夫、爱孩子、爱家人的同时，也要更好地爱自己，这才是最重要的。一个女人，只有学会爱自己，才能更好地爱别人；只有学会爱自己，才能真正拥有精彩的人生。记住，付出从来不是无私无畏就可以做好的。与其等到被别人伤害后，再去哀求抱怨，不如在付出的时候就采取明智的态度，这样才能真正做到无怨无悔。

会爱的女性，懂得对自己的付出负责，而不会把所有的责任都归咎到他人身上。一个真正独立的女人，从来不会抱怨他人，她们知道要更爱自己，也知道在付出的时候有所保留，更知道不要以爱捆绑他人，绝不会以爱的名义为自己谋求利益。每个人都应该成为自己生命的主宰，应该成功地驾驭命运，这才是真正的人生强者，也才配得上拥有最充实美好的生活。

不要做损人不利己的事情

和男人的理性相比，女人无疑是感性的，她们更容易受到感情的驱使，做出很多失去理智的事情。尤其是在盛怒的情况下，女人更是会感情冲动，歇斯底里，为此做出极端的事情，等到平静下来又感到非常懊悔。特别对于那些杀敌一千、自损八百的事情，是情绪冲动的女性最容易做的事情，只有在暴怒过后，情绪的暴风雨停歇下来，她们才会理性地思考。曾经有心理学家经过研究发现，愤怒会降低人的智商，人的智商甚至降低为零。这也就意味着人在盛怒的情况下失去了思考的能力。很多老司机都知道，开车的时候遇到红灯，宁停三分不抢一秒。其实暴怒的情绪又何尝不是情绪亮起红灯的表现呢？作为明智的女性，即使在盛怒之下无法控制怒气，也应该控制好自己不要仓促地做出决定，更不要因为愤怒的驱使做出失去理智的事情来，否则一定会损人不利己，让自己懊悔万分。

遗憾的是，现实生活中太多的女性朋友一旦受到感情的打击，或者遇到不如意的事情，总是会昏头涨脑，不假思索就做出反应。女性朋友一定要记住，做任何事情都不要一时意气之争，而是要更加理性，权衡利弊，毕竟人生经不起负气的折腾，只有在吃一堑长一智的理性中，才能更加圆满。

才参加工作没多久，思思就要辞职，原因很简单，她看领导不顺眼。听到思思这个辞职的理由，朋友们简直惊讶极了：大小姐啊，你是有家财万贯，还是有家族产业，让你可以这么任性？原来，因为思思初来乍到，对于工作中的很多事情都做不到位，所以领导常常会对思思提出特殊的要求，也会在思思错误的离谱的时候批评思思。就这样，思思对领导意见很大，一气之下就要辞职。

眼看着劝说思思无果，闺密给思思算了一笔账：“你现在辞职，很有可能这半个月就白干了。你能保证自己辞职之后找到合适的工作吗？如果你一个月找不到工作，就要支付一千元的房租，吃喝拉撒、衣食住行至少还需要两千吧，这还是非常节省的。如果你两个月找不到工作，你就要平白无故掏出来六千块，这还得是连感冒也不得的情况下。你想想，你得怎么办？最重要的是，你确定换一家公司，就能遇到你看着就喜欢的领导吗？”在闺密苦口婆心的劝说下，思思决定不辞职，渐渐地，她抱着谦虚的学习态度对待领导的批评，居然喜欢上了这个直截了当的领导，因为她发现和那些腹黑领导相比，这样直言的领导简直太可爱了。

换一个角度看待问题，就会得到截然不同的感受。对于思思而言，辞职完全是损人不利己的事情，突然撂挑子，会让领导无人可用，也会在短时间内给其他同事加重负担，而这样的困境只需要再招一个新人就能解决。但是对于思思而言，却面临更加困窘的局面，她不但每个月要支付房租，还要支付个人开销，在没有收入的情况下，思思会过得很艰难，还必须向父母寻求援助。而且，朋友的话击中了思思的软肋，因为思思真的不能保证接下来遇到的就是自己喜欢的领导。为此，思思思来想去，决定让自己喜欢上现任领导，也和领导更加愉快地相处，这才是双赢的选择。

任何时候，都不要做损人不利己的事情，如果能做出双赢的选择，自然是更好的。如果不能做出双赢的选择，也要在保证自己利益的基础上，不损害别人的利益。每个人想要生存，都很不容易，最重要的是人与人之间要相互帮助，依偎着取暖，从而才能和谐共赢。女性朋友在职场上要更加理性，这样在遇到各种情况的时候，才能更加理智抉择。除了人在职场的女性需要更加理性，在生活中，在面对感情的时候，女性同样要学会理智权衡，果断取舍，及时止损。

有人说，恋爱就像一场重感冒，很多女性在爱情之中总是神魂颠倒，完全忘乎所以，对于爱情全身心投入，而当爱情消失的时候，她们又痛苦得不能自已。不得不说，这样的状态对于女性朋友是极其不利的。对于爱情，固然要全身心投入和付出，但是也要学会取舍，也要保持理性。不要在爱情不告而别的时候痛不欲生，否则不但失去了爱情，还失去了尊严，贻笑大方，岂不是更加损失惨重吗？在这个世界上，没有谁离开了谁就不能活的，女性一定要在爱中保持自己的独立，也要自尊自爱，才能赢得爱人全心全意的对待。

婚姻，并没有你想得那么重要

一直以来，大多数女性朋友都把婚姻看得非常重要，在现代社会，尽管有些女性朋友有着新潮的思想，甚至主张不要结婚，就这样独自一人度过一生，却总是会遭到身边家人、朋友等的指责，也常常会遭遇父母的催婚。为此，有些世人眼中的大龄女青年，为了让自己显得不要那么另类，就会匆忙地走入婚姻，最终却发现婚姻不是成就自己，而是毁灭自己。在这样的心态之下，她们又仓促地从婚姻中抽身出来。在很短的时间里，她们就从单身的未婚女青年，变成了离异的单身女青年，到底从婚姻中得到了什么，其中的滋味恐怕只有她们自己知道。

爱情，是急不得的，就像人们常说的那样，如果缘分没有到，再怎么着急，也求不到好的姻缘。况且，在新时代新的爱情观之下，谁说相爱的人就一定要结婚呢？也有很多年轻人选择不结婚，就这样生活在一起。但是对于大多数传统的女性而言，有一纸婚约的保证，她们会觉得更加安全。实际上，就像人们常说的，所谓的锁只能防得住君子，根本防不住小人，更防不住真正的窃贼。所谓的一纸婚约，实际上也只能保证彼此相爱的人永远在一起，如果不幸在婚姻中遭遇渣男，只怕结婚证根本起不到任何作用。

对于女性而言，最重要的是找到一个彼此相爱的人，而不是盲目地一头撞入婚姻，只为了让自己看起来更加符合世俗的眼光。当女性精神独立、经济独立，婚姻并没有那么重要，尤其是没有感情基础的婚姻，充其量只是搭伙过日子而已。所以作为女性，一定要更加端正对待婚姻的态度，也要坚持自己对于爱情和婚姻的选择，而不要因为身边人的影响就盲目地放弃自己的爱情观、婚姻观，导致自己在人生的道路上陷入困境。

对于每一位女性而言，既要追求爱情，追求婚姻，也要始终保持理智的态度，不要为了结婚而结婚。真正的婚姻，不是爱情的坟墓，也不是人生的围城，而是两个彼此相爱的人在一起真心地依偎，相互扶持，最终携手走过一段漫长而又美好的人生道路。如果说爱情是悬浮着的带着仙气的感情，那么婚姻则是脚踏实地的、沾染着烟火气息的生活。经营好婚姻是很不容易的事情，即便是那些感情深厚的情侣在真正携手步入婚姻生活之后，也会因为各种各样的原因而发生矛盾，更何况是没有感情基础、匆忙闯入婚姻的恨嫁女呢？所以女性千万不要为了结婚而结婚，而是要更加淡然从容地等待爱情的到来，等到那个真的让自己怦然心动、想要执子之手一生一世的人，在做好充分的心理准备之后，再走入婚姻，也不迟。尽管婚姻不是人生的必需品，但是对于婚姻，我们却要坚持谨慎理性的态度，要慎重对待，要把婚姻视为神圣的事情。

对于一个女性而言，既要看重婚姻，也要看淡婚姻，这样才能调整好心态，对婚姻怀着最理性和恰到好处的态度。

忠诚只是婚姻的基础配置

在婚姻中，有很多事情都会挑战女性的底线，而其中最不可原谅的事情，就是在婚姻状态中出轨。女人对于婚姻有着至高无上的追求，却把忠诚作为婚姻的基础配置。实际上，很多女人梦寐以求的婚姻的基础配置——忠诚，是对于婚姻最低的要求。可想而知，作为女人，当把忠诚视为对婚姻的唯一要求时，该是多么可悲和无奈。

曾几何时，女性对于爱情怀着至高无上的期待，也充满渴望和憧憬。为何在步入婚姻之后，女性只要求伴侣对待婚姻忠诚呢？也许是残酷的现实让女性认识到爱情从不像想象中那么美好，也许是在深入接触和了解男性之后，才发现不是每个男性都是琼瑶笔下的完美男主角。为此，她们在生活的磨砺中情不自禁降低了对于婚姻的要求。

遗憾的是，即便忠诚只是婚姻的基础配置，还是有很多女性受到伴侣无情的伤害，在心灰意冷之际，或者选择忍气吞声原谅不忠的配偶，或者是选择坚决的离婚，让自己遍体鳞伤。

对于一个不忠诚于婚姻的人，如果不能做到真正地接受，如果对于爱情还有着至深的渴望，那就不要委曲求全，忍辱负重。其实，那些容易出轨的男人，都会表现出蛛丝马迹，例如忽略女性的感受，在很多事情上从来不会更多地考虑女性的需求，而非常自私，自我，因此表现出极其强烈的大男子主义。作为女性，在感情上的确要有洁癖，才能督促男性守住婚姻中的忠诚。否则，如果女性对于男性的要求就是“逢场作戏没关系，只要不假戏真做就行”，那么男性对于自己的要求就会降低很多，说不定哪一天就真的给婚姻带来毁灭性的打击。

当然，在婚姻之中，尊重是相互的，爱情是相互的，忠诚也是相互的。作为女性，一定要更加自尊自爱，在感情生活中忠诚于伴侣，这样才能在婚姻的忠诚里给伴侣树立好的榜样，产生积极的影响力。否则，如果女性自己对于婚姻都不够忠诚，常常在婚姻生活中水性杨花，长此以往，夫妻之间对于婚姻的忠诚度都会大大降低，婚姻当然也就会濒临毁灭。

当你的身边充满肆无忌惮的恶意

在现实生活中，一个人即使谨言慎行，拼尽全力做到更好，也会有被别人误解的时候。所谓唾沫星子淹死人，当谣言铺天盖地而来，而心怀叵测的人又怀着恶意，那么局面就会更加失去控制。在这种情况下，作为风暴中心的你又该怎么做呢?

每个人都害怕孤独和寂寞，都想在成长的过程中得到他人更多的包容与善意。然而，一旦误解发生，包容和善意也就不复存在。退一步而言，就算没有误解，有的时候一个人的所作所为、所言所行也未必能被所有人接受。在受到外界的巨大压力，尤其是被误解的时候，很多人本能的反应就是为自己辩解，奋起反击。然而，你一定不知道，有的时候，在风口浪尖上，事情是会越描越黑的。所以如果能够解释清楚就解释，如果不能解释清楚，或者情况复杂，那就让时间证明一切。

人们常说，时间是治愈一切的良药，实际上，时间也是洗白的最好方式。2017年，李咏全家都去美国居住，也曾经被狗仔队拍摄到一家人在美国漫步，为此网络上的很多人对李咏一家进行谩骂，说他们在国内捞足了钱，就去国外潇洒和享受。而就在前不久，哈文在微博发文"永失我爱"，并且说李咏在美国接受了17个月的抗癌治疗。至此，那些曾经谩骂过的人才算彻底噤声，也才知道李咏在去美国治病之初，遭受到了多么大的压力和非议。时间终究会还给每个人清白，所以当面对非议不能辩解时，就保持无声，让时间证明一切。

在很多风暴之中，风暴中心反而是最安静的。那么当你也成为风暴中心的时候，何不也保持安静，让自己静下心来聆听自己呢？只要自己知道真相，只要问心无愧，你就可以保持沉默。没有任何人懂得别人的生活，因为一个人不可能是另外一个人，那就不要随意地评价和介入别人的生活，这是对别人保持最基本的尊重。

曾经有儿童心理专家提出，即使在同一个家庭里出生，拥有共同的父母，孩子们也会因为出生顺序的不同，而拥有不同的家庭微环境。仔细想来，这位专家说得很有道理。每个人都是自己，不是别人，所以要更加关注自己的感受，不要随意揣测别人的感受和介入别人的生活。在这个世界上，如果每个人都能管理好自己，那么也就天下太平了。

做人固然要接受别人的评说，但是更要懂得笃定做好自己的道理。当你的内心沉稳，哪怕外部掀起了惊涛骇浪，也根本无法撼动你。对于身边的那些人，不管是怀着善意还是恶意，时光终究会检验出真相，而当我们成就了坚强伟大的自己，我们终有一日会感谢那些曾经对我们心怀恶意的人，正是他们的伤害，才让我们有了今日的成就。

人与人之间为何渐行渐远

在这个时代中生存和拼搏，谁不曾有过一段心酸血泪史呢？然而，失意落魄的时候，身边总是只有寥寥无几几个朋友，等到飞黄腾达之后，那些曾经消失得无影无踪的朋友总是会突然打来电话问候，而且张嘴就是：“嗨，你现在可发达了，是不是早就把我们这些老朋友、穷亲戚忘记了呀？”每当听到这样的话，一股压力总是隔着电话线涌来，利用“旧情”来套近乎，在现在已经不是什么新鲜的套路。接下来，无非就是虚伪的客套和假意的寒暄，让人心生厌烦，却又不能当即果断电话。殊不知，这样的套近乎非但无法拉近彼此之间的关系，还会让人之间渐行渐远。

相忘于江湖，原本就是人生的常态。学生时代的同窗情谊的确使人珍惜和怀念，但在奋力打拼想为自己在这个社会中找到立锥之地的过程中，每个人都各忙各的，为着自己的人生奋斗，难免因为忙忙碌碌而忽略了情谊的维护，既然如此不如把这段情谊珍藏起来，不要轻易地提起。偏偏有很多人，在别人失意的时候躲得远远的，等到别人得意的时候，又来套近乎，寻求帮助，这样虚伪的嘴脸一看就让人心生反感，这也是人与人之间尽管寒暄客套却渐行渐远的原因。

现代社会，人际关系被提升到了前所未有的高度，人人都知道人脉资源是非常珍贵的资本。为此，有很多人平日里不想维护人际关系，觉得费时费力也费钱，等到需要用到人际关系的时候，就一通电话对他人进行感情绑架，以旧情意对他人施加压力。不得不说，这是很不地道的人际相处之道，也是非常糟糕的维系感情的方式，只会起到事与愿违的效果。

人际相处，沟通是最基本的方式。传递信息、联络感情，都需要沟通，只可惜这个世界变化太快，物是人非已经是正常的现象，为此不要奢求在见到旧人的时候还能谈笑风生。随着光阴的流逝，每个人都有了不同的生活，也都有了各自不同的生活圈子。例如老同学聚会，谈谈当年在学校里的很多事情，也许还有共鸣，但是如果非要谈现在的话题，则会陷入莫名其妙的尴尬之中，甚至出现冷场的难堪。

在原本的群体中，如果有一个本来和大家一样的人突然成为出类拔萃者，或者获得巨大的成功，那么就会出现一种很奇怪的现象：或者是那些平庸的人渐渐疏远这个有出息的人，或者是这个有出息的人渐渐疏远了那些平庸者。这不是说谁势利眼，而是客观的现实真的会导致原本熟悉的人之间出现悬殊。当然，也有可能极少数人还与这个出类拔萃者在一起，那么他们一定是作为追随者，在企图分享利益。当然，在一起追名逐利的过程中，他们也就有了共同的语言，也就可以继续谈得来，继续走下去。

人生，就是一个不断舍弃的过程。不但舍弃曾经的旧物，旧的生活方式，也舍弃那些再也不在一个水平面和生活圈子里的朋友，把过往的友谊就这样珍藏在心底，在回忆中依然能够感受到曾经情谊的温度，这远远把旧情拿到残酷的现实中接受考验来得更好。

爱自己，是你一生都要努力做好的事情

不管你现在是单身贵族，还是已婚，你都要始终牢牢记得一点，那就是爱自己。试问：一个人如果自己都不爱自己，还能奢求得到别人的爱吗？从这个意义上来说，爱自己是享受人生的前提。

爱自己的方式有很多，可以在休息的时候为自己煲一锅汤，

谁说煲汤只能为所爱的人呢？当一个人独自生活，为自己煲一锅靓汤，就是对自己最温柔细致的爱。爱自己，还可以狠下心来去商场，为自己血拼回来一套时髦的服装和一套高档的化妆品。谁说女人打扮自己都是为悦己者容呢？把自己穿得漂漂亮亮、妆容精致，也是让自己赏心悦目啊！爱自己，是在想要放纵的时候，和信得过的朋友一起去酒吧刷夜、歌厅K歌，发泄心中压抑的情绪，次日醒来又是一个满心欢喜的女子。爱自己，是做自己喜欢的事情，从不违心地喜欢自己讨厌的人。爱自己，是活出自己最真实想要的模样，不虚伪不做作，也从来不会对于自己有太多苛刻的要求。总而言之，爱自己，是你一生都要努力做好的事情。

罗兰是一个世俗人眼中不折不扣的大龄剩女。自从大学毕业后就来到了北京，她已经孤身一人在北京奋斗了十年。这十年间，她没有等来爱情，却为自己购买了一套小公寓，也买了代步的车子。虽然父母已经急得火上墙，甚至最后索性放弃了对她的催促，但是她就像一株盛开在空谷的幽兰，尽管没有人欣赏，她也兀自芬芳着。她从不像其他三十岁左右的女孩那么恨嫁，这正是她可爱的地方。她总是岁月静好，浅笑安然。在生活上，她很有情趣，养着鲜花和绿植，还会弹吉他。这样一个飘飘仙子，却很热爱美食，也特别擅长烹饪。每当觉得寂寞时，她就会做上一大桌子好菜，呼朋唤友，不亦乐乎。想要与自己对视时，她会独自在家中闭关，就着一壶清茶一本好书，全心全意度过一天的时间。

每当节假日，罗兰或者宅在家里看高速堵车，或者去马尔代夫、普吉岛、巴黎等地方旅行。如今已经成为公司中层管理者的她，虽然在工作上强势高冷，但在生活中却奔放热情。很多已婚的女性都很羡慕罗兰，也纷纷后悔自己太早就被爱情骗入了婚姻中，如今只能成为蓬头垢面的煮饭婆。其实，即使是已经结婚的女性，也不要忽略自己。很多女性总是把所有的爱都投注到丈夫和孩子的身上，而忽略了爱自己。不得不说，这是非常危险的行为，因为女性的全心付出会惯坏丈夫，也会宠坏孩子。在给家人温暖舒适之前，一定要爱自己，让丈夫赏心悦目，让孩子以你为骄傲，这样的你，才是真正的人生赢家!

参考文献

[1]蔡少惠.像林徽因一样优雅，像张爱玲一样强大[M].哈尔滨：哈尔滨出版社，2018.

[2]乔瑞玲.董卿：做一个有才情的女子[M].南昌：百花洲文艺出版社,2018.

[3]慕容素衣.一辈子很长，要和有趣的人在一起[M].南京：江苏凤凰文艺出版社,2018.